2022

天津科技统计年鉴

天津市科学技术局
天 津 市 统 计 局 编
天津市教育委员会

科学技术文献出版社
SCIENTIFIC AND TECHNICAL DOCUMENTATION PRESS
·北京·

图书在版编目（CIP）数据

2022天津科技统计年鉴 / 天津市科学技术局，天津市统计局，天津市教育委员会编. —北京：科学技术文献出版社，2023. 7
ISBN 978-7-5235-0379-9

Ⅰ. ① 2… Ⅱ. ①天… ②天… ③天… Ⅲ. ①科技统计—天津—2022—年鉴
Ⅳ. ① G322.721-54

中国国家版本馆 CIP 数据核字（2023）第 115493 号

2022天津科技统计年鉴

策划编辑：郝迎聪　责任编辑：王　培　责任校对：张永霞　责任出版：张志平

出 版 者　科学技术文献出版社
地　　址　北京市复兴路15号　邮编 100038
编 务 部　(010) 58882938，58882087（传真）
发 行 部　(010) 58882868，58882870（传真）
邮 购 部　(010) 58882873
官方网址　www.stdp.com.cn
发 行 者　科学技术文献出版社发行　全国各地新华书店经销
印 刷 者　北京厚诚则铭印刷科技有限公司
版　　次　2023 年 7 月第 1 版　2023 年 7 月第 1 次印刷
开　　本　889 × 1194　1/16
字　　数　379千
印　　张　16.75
书　　号　ISBN 978-7-5235-0379-9
定　　价　68.00元

鸣谢单位

（排名不分先后）

天津市科学技术局战略规划与政策法规处
天津市科学技术局资源配置与管理处
天津市科学技术局高新技术处
天津市科学技术局基础研究处
天津市科学技术局社会发展与农村科技处
天津市科学技术局科技成果与技术市场处
天津市科学技术局区域创新处
天津市科学技术局科研院所服务处（安全保卫处）
天津市统计局社会科技和文化产业统计处
天津市统计局工业统计处
天津市统计局国民经济综合统计处
天津市教育委员会科学技术与研究生工作处
天津市知识产权局专利管理处
天津市发展和改革委员会高技术产业处
天津市工业和信息化局科技处
天津市科学技术协会学会学术部（院士专家部）

编者说明

一、《2022 天津科技统计年鉴》由天津市统计局、天津市科学技术局和天津市教育委员会共同编辑制作，主要反映了天津市的科技活动情况，收录了全市、各区和有关部门 2021 年的科技统计数据。

二、本年鉴分为 11 个部分。第一部分为反映全社会科技活动的综合统计资料；第二部分至第六部分分别为科学研究和技术服务业机构、规模以上工业企业、建筑业企业、重点服务业企业和高等学校科技活动统计资料；第七部分为高技术产业统计资料；第八部分为火炬统计调查资料；第九部分为沿海九省市科技创新能力监测指标；第十部分为附录；第十一部分为主要统计指标解释。

三、本年鉴未对小数点进行机械调整，部分数据由于四舍五入取舍不同而产生计算误差。

四、本年鉴有关符号使用说明："#"表示其中的主要项；"注""1""①"表示该表下有注解。

目　录

第一部分

综　合

表 1-1 天津市主要社会、经济指标情况（2016—2021 年）

项 目	2016 年	2017 年	2018 年	2019 年	2020 年	2021 年
常住人口（万人）	1443	1410	1383	1385	1387	1373
户籍人口（万人）	1044	1050	1082	1108	1131	1152
就业人员（万人）	705	684	672	659	647	641
全市生产总值（亿元）	11477.20	12450.56	13362.92	14055.46	14007.99	15695.05
第一产业	168.46	168.96	175.30	185.41	210.34	225.41
第二产业	4367.97	4564.06	4835.30	4947.18	4911.77	5854.27
第三产业	6940.77	7717.54	8352.32	8922.87	8885.88	9615.37
人均生产总值（元 / 人）	79647	87280	95689	101557	101068	113732
工业增加值（亿元）	6805.13	6863.98	6962.71	4394.27	4296.38	5224.57
农林牧渔业总产值（亿元）	395.57	382.07	390.50	414.35	476.44	509.26
中资金融机构人民币存款余额（亿元）	28676.38	29392.33	29601.43	30384.60	32685.23	34355.20
# 住户存款余额	9105.15	9536.46	10723.30	12614.95	14843.50	16223.20
中资金融机构人民币贷款余额（亿元）	27019.19	29723.04	32186.96	34546.86	37340.85	39717.35
一般公共预算收入（亿元）	2723.50	2310.36	2106.24	2410.41	1923.11	2141.06
一般公共预算支出（亿元）	3699.43	3282.54	3103.16	3555.71	3151.35	3152.55
全社会房屋建筑竣工面积（万平方米）	3429	3244	2120	2372	2453	2190
港口货物吞吐量（亿吨）	5.51	5.01	5.08	4.92	5.03	5.30
邮电业务总量（亿元）	262.08	406.81	851.05	1343.77	1779.54	345.07
社会消费品零售总额（亿元）	5635.80	5729.70	4231.20	4218.20	3582.90	3769.80
实际使用外资金额（亿美元）	101.00	106.08	48.51	47.32	47.35	53.89
外贸进出口总额（亿美元）	1026.51	1129.45	1225.11	1066.45	1059.31	1325.65
# 出口	442.86	435.65	487.96	437.94	443.60	599.66
城镇非私营单位从业人员工资总额（亿元）	2484.25	2556.73	2556.73	2925.91	2928.79	3178.52
城镇非私营单位从业人员平均工资（元 / 人）	86305	94534	94534	108002	114682	123528

注：本表数据来源于《中国统计年鉴 2022》和《天津统计年鉴 2022》。

表 1-2 天津市财政科技支出情况（2016—2021 年）

单位：亿元

项 目	2016 年	2017 年	2018 年	2019 年	2020 年	2021 年
一般公共预算支出	3699.43	3282.54	3103.16	3555.71	3151.35	3152.55
# 市级一般公共预算支出	1239.41	1192.27	1095.95	1297.26	1101.90	1097.80
财政科技支出	125.17	115.99	106.68	109.93	118.17	103.97
# 市级财政科技支出	45.22	40.86	41.43	19.18	26.86	27.88
财政科技支出占一般公共预算支出比重（%）	3.38	3.53	3.44	3.09	3.75	3.30
市级财政科技支出占市级一般公共预算支出比重（%）	3.65	3.43	3.78	1.48	2.44	2.54

表 1-3 天津市科技活动基本情况（2016—2021 年）

项 目	2016 年	2017 年	2018 年	2019 年	2020 年	2021 年
研究与试验发展（R&D）投入情况						
R&D 人员（人）	**177165**	**165638**	**160683**	**143888**	**136341**	**166037**
# 研究与开发机构	10907	13206	9618	9962	10213	10349
企业	137824	122917	119342	92879	89837	113995
高等学校	23397	23980	26141	35132	32239	37619
其他	5037	5535	5582	5915	4052	4074
# 博士毕业	9990	10710	11628	16815	15460	19385
硕士毕业	20537	21394	24189	24386	24376	29153
本科毕业	90163	87059	82450	66378	63200	77357
其他学历	56475	46475	42416	36309	33305	40142
R&D 人员全时当量（人年）	**119384**	**103087**	**99490**	**92508**	**90640**	**102986**
# 研究与开发机构	10517	12333	8552	9120	9468	9696
企业	95152	76585	75642	62332	61357	70201
高等学校	10355	10664	11752	17267	17167	20618
其他	3360	3505	3544	3783	2648	2470
# 基础研究	5524	7438	6175	9518	9196	10203
应用研究	14303	16182	13162	14509	13676	17827
试验发展	99557	79467	80154	68481	67768	74956
R&D 经费内部支出（亿元）	**537.30**	**458.72**	**492.40**	**462.97**	**485.01**	**574.33**
占全市生产总值比重 (%)	3.00	2.47	2.62	3.28	3.44	3.66
# 研究与开发机构	46.64	51.47	48.85	52.69	54.10	65.13
企业	417.64	332.47	370.62	344.09	361.87	406.78
高等学校	63.72	64.14	60.94	52.47	57.09	86.42
其他	9.30	10.64	11.99	13.72	11.95	16.00
# 基础研究	30.27	33.65	23.65	24.67	34.36	58.81
应用研究	59.44	68.96	63.36	49.16	52.51	76.87
试验发展	447.61	356.11	405.39	389.14	398.14	438.65
# 政府资金	94.02	104.36	102.23	76.55	80.43	110.58
企业资金	413.06	320.80	370.34	362.27	383.09	440.65
国外资金	17.61	19.64	2.03	0.09	1.72	1.01
其他资金	12.62	13.92	17.80	24.07	19.77	22.08

表 1-4 天津市科技产出及成果情况（2016—2021 年）[1]

项 目	2016 年	2017 年	2018 年	2019 年	2020 年	2021 年
三系统收录科技论文数（篇）	**17440**	**18857**	**21933**	**22745**	**27378**	—
# SCI	8510	9707	11411	13127	14452	—
# EI	7100	7434	8705	8020	11806	—
# CPCI—S	1830	1716	1817	1598	1120	—
专利申请数（件）	**106514**	**86996**	**99038**	**96045**	**111514**	**90471**
职务发明	101597	81388	92016	90582	105266	83628
高等院校①	8678	9017	11109	12214	9409	8925
科研机构②	1705	2043	2452	2547	2656	2721
企业	90446	69738	77271	74794	92150	70635
事业单位③	768	590	1184	1027	1051	1347
个人④	4917	5608	7022	5463	6248	6843
专利授权数（件）	**39734**	**41675**	**54680**	**57799**	**75434**	**97910**
职务发明	37055	39160	51554	55199	71701	93215
高等院校①	3376	3836	4091	4699	5643	5877
科研机构②	726	843	1036	1174	1453	1719
企业	32570	33993	45778	48737	63888	84591
事业单位③	383	488	649	589	717	1028
个人④	2679	2515	3126	2600	3733	4695
# 发明	5185	5844	5626	5025	5262	7376
实用新型	31046	32353	44683	48252	64221	85076
外观设计	3503	3478	4371	4522	5951	5458
专利有效数（件）	**124443**	**144706**	**168879**	**198946**	**245540**	**308263**
# 发明	22663	28601	32066	34726	38152	43409
天津科技成果登记数（件）	**2622**	**2319**	**1974**	**2345**	**1880**	**1972**
国际领先	80	72	94	93	94	137
国际先进	390	263	262	239	231	253
国内领先	540	290	276	298	94	97
国内先进	380	208	175	185	51	33
其他	1232	1486	1167	1530	1410	1452

1. 本表中 2016—2019 年数据①为大专院校、②为科研单位、③为机关团体、④为非职务发明创造专利受理量。

续表

项 目	2016年	2017年	2018年	2019年	2020年	2021年
获国家级科学技术奖（项）[1]						
最高科学技术奖						
自然科学奖			1	2	2	
一等奖				1		
二等奖			1	1	2	
技术发明奖	2	2			3	
一等奖						
二等奖	2	2			3	
科学技术进步奖	10	17	6	15	17	
特等奖				2	1	
一等奖		3	1	1	5	
二等奖	10	14	5	12	11	
国际科学技术合作奖			1			
获天津市科学技术奖（项）						
科技重大成就奖		1				
自然科学奖	4	6	10	13	9	13
特等奖			1	1	1	1
一等奖	3	3	3	3	3	4
二等奖			4	6	3	5
三等奖	1	3	2	3	2	3
技术发明奖	8	11	12	7	10	10
特等奖			1		1	1
一等奖	4	4	3	2	4	4
二等奖	2	3	6	3	3	3
三等奖	2	4	2	2	2	2
科学技术进步奖	177	172	177	174	172	174
特等奖			2	5	5	8
一等奖	16	16	22	18	26	27
二等奖	55	68	89	91	99	101
三等奖	106	88	64	60	42	38
国际科学技术合作奖				1		

1. 2021年度未举行国家科学技术奖励大会。

续表

项 目	2016 年	2017 年	2018 年	2019 年	2020 年	2021 年
技术合同成交数（项）	**13060**	**12512**	**11315**	**13977**	**9822**	**12560**
技术开发	5704	5981	5805	4804	3628	4527
技术转让	410	601	443	394	515	1044
技术咨询	1368	1335	750	643	378	518
技术服务	5578	4595	4317	8136	5301	6471
技术合同成交额（亿元）	**602.32**	**658.48**	**725.26**	**922.63**	**1112.98**	**1321.82**
技术开发	80.73	63.55	71.76	73.33	113.94	62.11
技术转让	64.38	93.32	85.47	22.00	34.63	73.42
技术咨询	53.07	50.17	63.31	83.22	64.35	68.94
技术服务	404.14	451.43	504.72	744.08	900.05	1117.35
吸纳技术合同成交数（项）	**9612**	**10101**	**5607**	**11264**	**8466**	**9886**
技术开发	3969	4595	2896	3784	3166	3491
技术转让	360	568	229	315	403	889
技术咨询	847	1021	393	488	392	407
技术服务	4436	3917	2089	6677	4505	5099
吸纳技术合同成交额（亿元）	**389.20**	**421.15**	**240.97**	**460.77**	**616.97**	**599.59**
技术开发	58.72	46.70	37.75	52.73	73.62	75.53
技术转让	63.72	94.66	54.88	23.73	29.71	74.36
技术咨询	30.42	44.95	7.39	18.24	9.21	9.90
技术服务	236.34	234.85	140.94	366.07	504.43	439.80

表 1-5　天津市技术市场成交合同分布情况（2021 年）

项　目	合同数（项）	成交额（亿元）
合计	**12560**	**1321.83**
一、按流向分		
流向本市	4687	337.67
流向外省市	7841	963.91
技术出口	32	20.25
二、按技术领域分		
电子信息	2452	125.37
航空航天	260	2.55
先进制造	1873	235.02
生物、医药和医疗器械	1297	32.83
新材料及其应用	1034	62.85
新能源与高效节能	799	236.09
环境保护与资源综合利用	1313	51.13
核应用	7	0.02
农业	788	6.57
现代交通	789	222.74
城市建设与社会发展	1948	346.65
三、按卖方类别分		
机关法人	72	4.86
事业法人	7026	98.99
社团法人	20	0.05
企业法人	5427	1217.37
自然人	6	0.42
其他组织	9	0.14
四、按买方类别分		
机关法人	990	165.15
事业法人	2136	34.37
社团法人	45	0.14
企业法人	9050	1116.80
自然人	44	0.13
其他组织	295	5.24
五、按知识产权构成分		
技术秘密	1330	36.29
专利	690	75.94
计算机软件	475	76.90
动、植物新品种	7	0.04
集成电路布图设计	4	0.16
生物、医药新品种	46	5.51
设计著作权	17	0.13
未涉及知识产权	9991	1126.86

表 1–6 天津市高新技术产业主要经济效益指标（2021 年）

项 目	资产负债率（%）	总资产贡献率（%）	人均营业收入（万元/人）	营业收入利润率（%）
合计	**50.30**	**6.86**	**198.07**	**6.30**
一、按企业规模分				
大型	46.90	7.52	229.42	6.05
中型	51.18	5.72	165.51	5.93
小微型	53.47	7.08	187.87	6.93
二、按登记注册类型分				
内资企业	55.02	4.52	154.73	4.48
# 国有企业	108.88	−6.05	141.52	−15.92
港、澳、台商投资企业	46.20	6.48	210.96	8.14
外商投资企业	43.37	10.93	261.28	7.66
三、按技术领域分				
电子信息	46.48	7.56	207.31	6.07
航空航天	60.93	0.76	81.22	−0.28
光机电一体化	55.38	6.50	171.87	6.01
生物技术和医药	33.69	11.13	156.90	14.29
新材料	46.01	10.13	488.00	6.48
新能源和节能材料	72.11	−0.99	204.80	−6.72
环境保护	54.72	6.88	141.87	18.90

注：本表数据来源于《天津统计年鉴 2022》，高新技术产业为天津地方标准。

表 1-7 天津市

项　目	合计	和平区	河东区	河西区	南开区	河北区	红桥区
常住人口（万人）	1373.00	35.45	84.89	80.90	87.73	63.98	42.90
户籍人口（万人）	1151.56	46.39	77.70	93.29	91.48	64.51	50.86
城镇非私营单位从业人员（万人）	256.44	13.87	11.07	17.57	21.06	5.80	3.65
地区生产总值(亿元)	15695.05	791.25	400.93	1025.83	669.44	410.18	193.76
一般公共预算收入(亿元)	2141.06	37.78	33.91	55.81	39.65	21.35	19.23
一般公共预算支出(亿元)	3152.55	52.47	60.43	79.39	56.79	42.91	41.94
财政科技支出（万元）	1039691	2429	2869	3334	3510	821	2810
科学技术管理事务	26097	1316	282	584	706	237	609
基础研究	44870	0	0	0	0	0	0
应用研究	32959	90	60	116	0	30	0
技术研究与开发	529484	872	1920	2213	1295	260	2201
科技条件与服务	3755	0	0	59	0	0	0
社会科学	8169	0	0	0	0	0	0
科学技术普及	10250	20	457	262	244	294	0
科技交流与合作	21380	0	0	0	0	0	0
科技重大专项	32204	0	0	0	0	0	0
其他科学技术支出	330523	131	150	100	1265	0	0
财政科技支出占一般公共预算支出比重（%）	3.30	0.46	0.47	0.42	0.62	0.19	0.67
规模以上工业企业总资产贡献率（%）	9.80	0.40	4.20	3.50	7.40	2.30	10.90
技术合同输出成交额(亿元)	1249.41	42.56	46.55	64.17	67.95	68.31	71.05
技术合同吸纳成交额(亿元)	559.59	31.04	3.30	42.94	9.66	5.56	1.59
专利授权数(件)	97910	1836	2034	3001	5616	1560	1508
# 发明专利	7376	76	61	218	1735	99	336
有效发明专利总数（件）	308263	4018	6826	9166	21481	6864	5523

注：由于天津市合计和区级数据均含转移支付资金，本表中财政科技支出相关指标的分项相加有可能不等于合计。

各区基本情况（2021 年）

东丽区	西青区	津南区	北辰区	武清区	宝坻区	滨海新区	宁河区	静海区	蓟州区
84.66	118.88	92.71	94.67	113.84	71.71	204.57	38.96	78.07	79.08
45.32	47.76	55.66	46.87	110.00	75.65	153.85	41.20	63.26	87.76
11.42	17.09	7.18	11.46	20.86	5.91	91.22	4.36	6.11	5.17
706.60	932.41	603.11	722.50	941.88	418.66	6715.49	359.73	497.23	250.40
58.57	69.41	61.53	59.46	95.33	31.74	572.41	23.06	48.61	22.52
79.04	103.61	157.62	83.90	144.32	90.60	807.91	54.78	83.37	115.68
19297	16024	24892	17040	7707	8626	642466	3843	5251	1156
775	565	477	306	847	820	10483	322	384	5.00
0	0	0	0	32	0	6	0	0	0.00
186	0	0	318	225	52	830	0	30	10.00
17295	13725	24133	15670	6133	6123	285163	3243	4832	1044.00
0	0	195	0	0	0	1254	0	0	0.00
0	0	0	0	0	0	0	0	0	0.00
149	47	73	746	342	327	841	238	0	42.00
892	0	0	0	0	0	802	40	0	0.00
0	0	0	0	0	0	32148	0	0	0.00
0	1687	14	0	128	1304	310939	0	5	55
2.44	1.55	1.58	2.03	0.53	0.95	7.95	0.70	0.63	0.10
7.90	6.80	7.40	7.60	5.10	4.70	13.20	12.20	4.40	2.30
62.96	71.08	72.34	62.55	67.45	21.45	459.77	20.31	28.69	22.22
29.86	71.78	12.20	23.49	21.57	4.85	273.95	5.77	28.82	33.20
5221	9520	9431	7803	10430	3987	27611	1431	5926	995
300	651	608	339	301	101	2453	14	64	20
16040	30080	24927	26203	30162	13997	90562	3779	15702	2922

2022 天津科技统计年鉴

第二部分

科学研究和技术服务业机构

（一）科学研究和技术服务业事业单位

表 2-1　科学研究和技术服务业事业单位基本情况

项　目	2018 年	2019 年	2020 年	2021 年
基本情况				
机构数（个）	168	153	116	97
# 中央部门属	26	28	25	24
非中央部门属	142	125	91	73
从业人员期末人数（人）	16156	16696	14667	15519
# 科技活动人员	14055	14192	12523	13114
研究与试验发展（R&D）投入情况				
R&D 人员（人）	7369	7560	6863	6825
R&D 人员全时当量（人年）	5616	5671	5186	4943
# 基础研究	763	687	791	807
应用研究	1569	1852	1631	1880
试验发展	3284	3132	2764	2256
R&D 经费内部支出（亿元）	30.98	31.47	27.54	33.80
# 基础研究	4.76	3.40	2.71	3.64
应用研究	8.88	9.39	8.86	9.98
试验发展	17.35	18.68	15.97	20.18
# 政府资金	25.37	24.01	20.13	25.93
企业资金	1.74	2.53	3.51	3.76
国外资金	0.01	0	0	0
其他资金	3.86	4.93	3.90	4.11
研究与试验发展（R&D）项目（课题）情况				
R&D 项目（课题）数（项）	2136	2285	2316	2566
R&D 项目（课题）人员全时当量（人年）	4503	4586	4157	3973
R&D 项目（课题）经费内部支出（亿元）	19.46	17.70	15.70	16.85
科技产出及成果情况				
发表科技论文（篇）	3857	3510	3331	3149
# 国外发表	641	673	742	847
出版科技著作（种）	91	137	168	152
专利申请数（件）	861	1056	1084	1315
# 发明专利	510	620	574	666
专利授权数（件）	514	661	732	998
# 发明专利	207	239	259	424

表 2-2　科学研究和技术服务业

项　目	机构数（个）	从业人员（人）	科技活动人员	科技管理人员
合计	**97**	**15519**	**13114**	**2281**
一、按机构隶属关系分				
中央部门属	24	8071	6436	828
非中央部门属	73	7448	6678	1453
二、按机构从事的国民经济行业分				
研究和试验发展	43	7963	5914	1265
专业技术服务业	43	5160	4815	856
科技推广和应用服务业	11	2396	2385	160
三、按机构服务的国民经济行业分				
农、林、牧、渔业	2	138	119	24
采矿业、制造业	10	1616	1485	235
电力、热力、燃气及水生产和供应业、建筑业	3	367	312	76
信息传输、软件和信息技术服务业、租赁和商务服务业	5	187	187	52
科学研究和技术服务业	63	10201	9612	1632
水利、环境和公共设施管理业	6	586	530	90
卫生和社会工作	5	2063	563	116
公共管理、社会保障和社会组织	3	361	306	56
四、按机构所属学科分				
自然科学	22	3377	3108	504
农业科学	4	920	869	210
医药科学	7	2392	900	241
工程与技术科学	58	8082	7537	1163
人文与社会科学	6	748	700	163
五、按机构从业人员规模分				
≥ 1000 人	2	3458	2227	133
500 ～ 999 人	2	1134	992	230
300 ～ 499 人	7	2692	2538	413
200 ～ 299 人	11	2787	2374	449
100 ～ 199 人	22	3086	2875	581
50 ～ 99 人	21	1608	1393	273
30 ～ 49 人	10	373	368	134
20 ～ 29 人	8	193	181	26
10 ～ 19 人	12	175	155	40
0 ～ 9 人	2	13	11	2

事业单位人员情况（2021 年）

				外聘的流动学者（人）	非本单位在读研究生（人）	离退休人员（人）
		生产经营活动人员	其他人员			
科研业务人员	对内科技服务人员					
7652	**3181**	**240**	**2165**	**690**	**957**	**7330**
3200	2408	110	1525	145	705	3253
4452	773	130	640	545	252	4077
4201	448	125	1924	426	956	4576
3118	841	115	230	220	0	2670
333	1892	0	11	44	1	84
84	11	0	19	0	0	1
987	263	0	131	57	245	607
198	38	26	29	6	0	305
123	12	0	0	0	0	0
5252	2728	165	424	604	408	4870
403	37	0	56	0	0	472
375	72	0	1500	23	304	880
230	20	49	6	0	0	195
2224	380	160	109	43	266	2016
577	82	0	51	58	0	461
574	85	0	1492	23	371	1103
3778	2596	80	465	566	320	2932
499	38	0	48	0	0	818
216	1878	0	1231	23	304	395
655	107	0	142	0	0	635
1807	318	0	154	44	128	1305
1764	161	33	380	173	206	2021
1896	398	116	95	262	67	1709
862	258	75	140	104	70	959
200	34	0	5	39	140	101
145	10	0	12	16	24	172
102	13	16	4	29	18	33
5	4	0	2	0	0	0

表 2-2　科学研究和技术服务业

项　目	科技活动人员	按学历分		
		博士	硕士	本科
合计	**13114**	**1565**	**5666**	**4792**
一、按机构隶属关系分				
中央部门属	6436	1073	3616	1359
非中央部门属	6678	492	2050	3433
二、按机构从事的国民经济行业分				
研究和试验发展	5914	1150	2196	2067
专业技术服务业	4815	309	1443	2493
科技推广和应用服务业	2385	106	2027	232
三、按机构服务的国民经济行业分				
农、林、牧、渔业	119	12	47	52
采矿业、制造业	1485	274	552	540
电力、热力、燃气及水生产和供应业、建筑业	312	5	94	173
信息传输、软件和信息技术服务业、租赁和商务服务业	187	4	91	74
科学研究和技术服务业	9612	1049	4406	3323
水利、环境和公共设施管理业	530	43	208	252
卫生和社会工作	563	158	152	220
公共管理、社会保障和社会组织	306	20	116	158
四、按机构所属学科分				
自然科学	3108	503	1377	1019
农业科学	869	116	231	458
医药科学	900	227	276	313
工程与技术科学	7537	549	3517	2799
人文与社会科学	700	170	265	203
五、按机构从业人员规模分				
≥ 1000 人	2227	202	1916	91
500 ～ 999 人	992	120	309	473
300 ～ 499 人	2538	492	1040	790
200 ～ 299 人	2374	361	757	942
100 ～ 199 人	2875	248	907	1458
50 ～ 99 人	1393	78	474	704
30 ～ 49 人	368	24	149	170
20 ～ 29 人	181	25	70	74
10 ～ 19 人	155	15	43	82
0 ～ 9 人	11	0	1	8

事业单位人员情况（2021 年）（续）

单位：人

		按职称分			
大专	其他	高级职称	中级职称	初级职称	其他
686	**405**	**4023**	**4633**	**1911**	**2547**
210	178	1867	2442	763	1364
476	227	2156	2191	1148	1183
299	202	2406	1916	786	806
374	196	1376	1751	857	831
13	7	241	966	268	910
0	8	49	52	16	2
67	52	400	503	327	255
25	15	121	90	49	52
14	4	26	48	33	80
530	304	2762	3422	1310	2118
14	13	282	185	52	11
24	9	199	239	99	26
12	0	184	94	25	3
120	89	1144	1149	441	374
37	27	395	255	44	175
58	26	286	370	130	114
453	219	1821	2670	1225	1821
18	44	377	189	71	63
12	6	251	958	252	766
52	38	381	354	132	125
125	91	945	864	372	357
197	117	893	778	401	302
153	109	930	981	396	568
104	33	421	470	237	265
18	7	92	97	71	108
11	1	75	70	23	13
12	3	34	57	24	40
2	0	1	4	3	3

表 2-3 科学研究和技术服务业事业

项 目	经费收入总额	科技活动收入	政府资金	财政拨款
合计	**1071594**	**841512**	**605000**	**273941**
一、按机构隶属关系分				
中央部门属	549126	352221	254103	139467
非中央部门属	522468	489291	350897	134475
二、按机构从事的国民经济行业分				
研究和试验发展	556195	352473	243847	155638
专业技术服务业	240285	225544	114239	108205
科技推广和应用服务业	275115	263495	246915	10099
三、按机构服务的国民经济行业分				
农、林、牧、渔业	5245	4820	4819	4789
采矿业、制造业	114951	111521	72435	39696
电力、热力、燃气及水生产和供应业、建筑业	13242	12216	2666	2575
信息传输、软件和信息技术服务业、租赁和商务服务业	197811	196015	186274	1416
科学研究和技术服务业	474207	439914	296403	194011
水利、环境和公共设施管理业	43870	41373	21053	16537
卫生和社会工作	210627	26683	16236	10752
公共管理、社会保障和社会组织	11642	8970	5115	4166
四、按机构所属学科分				
自然科学	173385	162917	128246	82056
农业科学	35576	34917	27464	20218
医药科学	233264	50722	37023	30126
工程与技术科学	591737	561561	385516	118138
人文与社会科学	37633	31396	26751	23404
五、按机构从业人员规模分				
≥ 1000 人	254673	69025	62090	3936
500 ～ 999 人	59816	57994	32727	24727
300 ～ 499 人	179640	170110	107937	68555
200 ～ 299 人	129448	117279	72258	55350
100 ～ 199 人	148959	140334	86975	73356
50 ～ 99 人	252878	245401	215074	25678
30 ～ 49 人	25374	22135	15837	12917
20 ～ 29 人	14036	12987	7911	5770
10 ～ 19 人	6657	6140	4192	3652
0 ～ 9 人	115	107	0	0

单位经费收入情况（2021 年）

单位：万元

承担政府科研项目收入	其他	非政府资金	# 技术性收入	# 国外资金	生产经营活动收入	其他收入
273347	**57712**	**236512**	**230289**	**121**	**13603**	**216480**
61975	52662	98118	97266	121	2933	193973
211372	5050	138394	133022	0	10670	22507
85671	2538	108627	104767	0	4804	198917
3250	2784	111305	108941	121	8620	6121
184426	52390	16580	16580	0	178	11442
14	16	1	1	0	15	410
32619	120	39086	39086	0	0	3430
91	0	9551	9113	0	367	659
184859	0	9741	9741	0	1796	0
45387	57005	143512	138287	121	9263	25030
3945	572	20319	19956	0	0	2498
5483	0	10447	10413	0	0	183944
949	0	3855	3692	0	2162	510
45813	377	34671	33979	0	5139	5329
7246	0	7452	5871	0	15	644
5996	901	13699	13665	0	31	182512
210944	56434	176045	172130	121	7757	22419
3348	0	4645	4645	0	661	5576
6393	51761	6935	6935	0	0	185648
8000	0	25267	23686	0	0	1821
37714	1668	62173	61982	121	4384	5147
16337	572	45020	44657	0	661	11509
12714	906	53359	51386	0	3770	4855
188766	629	30327	29880	0	2632	4845
2800	120	6299	5913	0	1796	1443
103	2038	5076	3810	0	0	1049
521	19	1948	1934	0	360	157
0	0	107	107	0	0	7

表 2-4　科学研究和技术服务业

项　目	经费内部支出总额	科技经费内部支出	日常性支出
合计	**1068641**	**845171**	**572313**
一、按机构隶属关系分			
中央部门属	553806	362647	304987
非中央部门属	514835	482525	267326
二、按机构从事的国民经济行业分			
研究和试验发展	547849	342823	283238
专业技术服务业	241415	225480	199466
科技推广和应用服务业	279377	276868	89609
三、按机构服务的国民经济行业分			
农、林、牧、渔业	5134	4674	4664
采矿业、制造业	110333	106648	74385
电力、热力、燃气及水生产和供应业、建筑业	9238	8178	7620
信息传输、软件和信息技术服务业、租赁和商务服务业	202656	201321	15749
科学研究和技术服务业	475800	445003	399588
水利、环境和公共设施管理业	41355	38655	31328
卫生和社会工作	211048	31668	29967
公共管理、社会保障和社会组织	13078	9025	9012
四、按机构所属学科分			
自然科学	185270	171118	134841
农业科学	37668	36019	32836
医药科学	226867	49257	43562
工程与技术科学	580060	554150	327563
人文与社会科学	38776	34629	33511
五、按机构从业人员规模分			
≥ 1000 人	254167	83015	81535
500 ～ 999 人	60245	55615	42228
300 ～ 499 人	187033	175112	139387
200 ～ 299 人	125759	110962	97000
100 ～ 199 人	137455	128740	115119
50 ～ 99 人	258370	247541	59381
30 ～ 49 人	24317	23629	22030
20 ～ 29 人	13918	13702	8974
10 ～ 19 人	7178	6710	6514
0 ～ 9 人	199	145	144

事业单位经费支出情况（2021 年）

单位：万元

人员劳务费	其他日常性支出	资产性支出	生产经营支出	其他支出
339683	**232630**	**272858**	**23640**	**199829**
179340	125647	57660	14022	177137
160343	106983	215198	9619	22692
162920	120318	59585	14862	190163
121734	77732	26014	7473	8462
55030	34579	187259	1305	1204
3542	1123	10	0	459
39344	35041	32263	7	3678
5364	2256	558	474	586
4382	11367	185571	340	995
249048	150540	45415	12806	17991
19718	11610	7327	0	2700
13140	16827	1701	8087	171294
5146	3866	13	1927	2126
82951	51890	36276	5653	8499
21891	10945	3182	0	1650
20965	22597	5695	7818	169791
191981	135582	226587	9861	16050
21895	11616	1118	308	3840
50687	30848	1480	8396	162756
25320	16908	13388	0	4630
79771	59616	35724	3552	8369
62738	34262	13962	2119	12679
68487	46632	13621	4439	4275
34584	24797	188160	4273	6556
9982	12049	1599	445	243
4619	4355	4728	0	216
3400	3114	195	416	52
96	48	1	0	54

表 2-5　科学研究和技术服务业

项　目	科研基建	政府资金
合计	**26622**	**19657**
一、按机构隶属关系分		
中央部门属	19607	13621
非中央部门属	7015	6036
二、按机构从事的国民经济行业分		
研究和试验发展	12251	6040
专业技术服务业	12011	11855
科技推广和应用服务业	2359	1762
三、按机构服务的国民经济行业分		
农、林、牧、渔业	0	0
采矿业、制造业	7166	1180
电力、热力、燃气及水生产和供应业、建筑业	0	0
信息传输、软件和信息技术服务业、租赁和商务服务业	597	0
科学研究和技术服务业	18860	18477
水利、环境和公共设施管理业	0	0
卫生和社会工作	0	0
公共管理、社会保障和社会组织	0	0
四、按机构所属学科分		
自然科学	8616	8365
农业科学	0	0
医药科学	690	690
工程与技术科学	17316	10603
人文与社会科学	0	0
五、按机构从业人员规模分		
≥ 1000 人	0	0
500 ～ 999 人	6450	490
300 ～ 499 人	10892	10849
200 ～ 299 人	1075	1075
100 ～ 199 人	2167	1894
50 ～ 99 人	1809	1765
30 ～ 49 人	398	354
20 ～ 29 人	3832	3230
10 ～ 19 人	0	0
0 ～ 9 人	0	0

事业单位基本建设情况（2021 年）

单位：万元

企业资金	事业单位自筹资金	国外资金	其他资金
44	**6917**	**0**	**4**
0	5986	0	0
44	931	0	4
0	6207	0	4
44	113	0	0
0	597	0	0
0	0	0	0
0	5986	0	0
0	0	0	0
0	597	0	0
44	334	0	4
0	0	0	0
0	0	0	0
0	0	0	0
44	208	0	0
0	0	0	0
0	0	0	0
0	6709	0	4
0	0	0	0
0	0	0	0
0	5959	0	0
0	43	0	0
0	0	0	0
0	272	0	0
44	0	0	0
0	40	0	4
0	602	0	0
0	0	0	0
0	0	0	0

表 2-6 科学研究和技术服务业

项　目	年末固定资产原价（万元）	# 科研房屋建筑物	# 科学仪器设备
合计	**1516515**	**307967**	**854416**
一、按机构隶属关系分			
中央部门属	682773	206554	359441
非中央部门属	833742	101413	494975
二、按机构从事的国民经济行业分			
研究和试验发展	743084	202209	317668
专业技术服务业	475633	105758	288848
科技推广和应用服务业	297798	0	247901
三、按机构服务的国民经济行业分			
农、林、牧、渔业	21379	11922	4454
采矿业、制造业	199972	82394	106764
电力、热力、燃气及水生产和供应业、建筑业	11314	80	6629
信息传输、软件和信息技术服务业、租赁和商务服务业	235744	0	234503
科学研究和技术服务业	807872	170576	419887
水利、环境和公共设施管理业	117262	29845	51631
卫生和社会工作	105409	7074	19755
公共管理、社会保障和社会组织	17563	6077	10795
四、按机构所属学科分			
自然科学	306468	82565	201430
农业科学	194721	36980	43722
医药科学	160338	29736	53288
工程与技术科学	829232	154716	551649
人文与社会科学	25756	3971	4328
五、按机构从业人员规模分			
≥ 1000 人	95960	6626	15385
500 ～ 999 人	170345	49742	47039
300 ～ 499 人	312204	135315	154675
200 ～ 299 人	209313	24855	143472
100 ～ 199 人	309447	79912	171577
50 ～ 99 人	323940	10458	268704
30 ～ 49 人	37284	20	34735
20 ～ 29 人	14657	1038	12947
10 ～ 19 人	42999	2	5624
0 ～ 9 人	368	0	259

事业单位固定资产情况（2021 年）

		科学仪器设备数量（台 / 套）	
# 进口	# 单价 100 万元以上		# 单价 100 万元以上
109179	**429953**	**107498**	**962**
44703	131130	53258	566
64476	298824	54240	396
53030	117746	64310	526
55933	100501	34918	401
216	211707	8270	35
0	302	2023	2
18387	51793	20205	181
2743	2696	1362	17
574	209412	2328	24
57421	138834	66224	607
19355	16375	3857	81
7396	6664	7990	29
3303	3878	3509	21
31851	65478	35523	287
157	15590	8273	65
7760	27006	10881	83
69411	321748	48204	526
0	131	4617	1
7271	5601	5920	23
507	12493	11376	72
16447	47401	24346	198
37946	61205	14625	258
40771	65600	28117	270
4154	215580	12387	60
639	18854	6946	64
656	2583	2550	15
787	637	1082	2
0	0	149	0

表 2-7　科学研究和技术服务业事业单位

项　目	课题数（项）	# R&D 课题	课题人员折合全时当量（人年）	基础研究	应用研究	试验发展
合计	**3458**	**2566**	**5433**	**610**	**1581**	**1782**
一、按机构隶属关系分						
中央部门属	1912	1445	2985	478	921	883
非中央部门属	1546	1121	2449	132	660	900
二、按课题来源分						
国家科技项目	1022	841	2125	425	602	671
地方科技项目	1028	782	1527	124	532	488
企业委托科技项目	914	544	839	13	187	228
自选科技项目	280	237	482	45	105	240
国际合作科技项目	1	1	0	0	0	0
其他科技项目	213	161	461	2	155	156
三、按课题所属学科分						
自然科学	668	592	1591	186	656	443
农业科学	263	165	373	26	81	129
医药科学	296	289	437	175	128	116
工程与技术科学	1910	1282	2609	164	438	1094
人文与社会科学	321	238	423	58	278	0
四、按课题技术领域分						
非技术领域	333	241	440	58	284	0
信息技术	135	104	454	0	146	208
生物和现代农业技术	844	728	1075	238	435	236
新材料技术	39	39	51	4	8	39
能源技术	4	0	13	0	0	0
激光技术	6	5	3	1	0	2
先进制造与自动化技术	371	292	252	0	6	187
航天技术	11	6	25	0	1	7
资源与环境技术	503	317	1295	145	289	333
其他技术领域	1212	834	1825	164	412	772
五、按课题的社会经济目标分						
环境保护、生态建设及污染防治	563	348	1152	140	129	393
能源生产、分配和合理利用	79	61	115	14	17	40
卫生事业发展	349	325	478	130	162	140
教育事业发展	179	158	151	11	117	3
基础设施及城市和农村规划	434	261	405	6	152	117
基础社会发展和社会服务	304	208	592	86	94	212
地球和大气层的探索与利用	184	129	732	50	267	207
民用空间探测及开发	6	3	12	0	0	4
农林牧渔业发展	331	197	472	37	90	164

课题经费内部支出情况（2021 年）

R&D 成果应用	科技服务	课题经费内部支出（万元）	# 政府资金	基础研究	应用研究	试验发展	R&D 成果应用	科技服务
392	**1069**	**212527**	**156618**	**12412**	**50558**	**105549**	**14077**	**29930**
145	558	106621	75530	11555	39341	27023	5719	22983
247	511	105906	81088	857	11217	78526	8358	6947
133	294	80657	73757	4661	13902	47423	4398	10274
123	260	83247	74194	6754	21721	43876	6867	4028
55	356	35218	238	639	10238	8566	2154	13621
45	47	5082	3544	355	548	3726	223	231
0	0	1	1	0	1	0	0	0
36	112	8322	4885	3	4148	1958	436	1777
53	253	53508	48385	3867	24306	13218	1618	10500
93	43	3811	3790	129	288	1201	1842	351
18	0	5929	5888	2191	2596	1097	40	5
228	685	142153	91477	5823	18033	90033	10578	17687
0	87	7126	7078	402	5336	0	0	1388
0	98	7395	7385	402	5339	0	0	1654
36	65	61745	50811	0	4531	56322	606	286
94	73	40261	38825	8564	19518	9194	2427	559
0	0	11532	10404	90	266	11177	0	0
0	13	116	66	0	0	0	0	116
0	0	40	21	17	0	22	1	0
30	30	8222	2361	10	142	5961	945	1164
16	2	1120	1044	0	25	193	853	50
145	383	35329	23994	1455	10219	6882	7722	9050
72	405	46766	21709	1874	10518	15798	1524	17052
130	361	26990	15558	1775	3782	7088	6887	7459
9	34	3096	1123	412	726	1052	318	589
36	10	8451	8056	2411	3073	2577	281	109
0	20	6388	6382	328	5146	22	0	892
5	125	29978	7362	281	8207	15070	125	6294
20	180	9916	7914	483	1681	4364	921	2467
32	176	19432	15964	154	5765	4019	875	8619
0	9	708	469	0	0	99	0	609
109	72	6480	5995	154	559	2304	2737	726

项　目	课题数（项）	# R&D 课题	课题人员折合全时当量（人年）	基础研究	应用研究	试验发展
工商业发展	669	541	698	18	102	458
非定向研究	273	273	564	118	446	0
其他民用目标	84	59	51	0	0	38
国防	3	3	12	0	5	7
六、按课题合作形式分						
独立完成	2845	2088	4159	560	1275	1194
与境内独立研究机构合作	163	124	318	2	96	129
与境内高等学校合作	158	131	404	40	149	159
与境内注册的其他企业合作	177	134	322	0	36	210
与境外机构合作	9	9	8	2	2	4
其他	106	80	222	6	23	86
七、按课题服务的国民经济行业分						
农、林、牧、渔业	276	179	384	40	76	123
采矿业	7	5	18	1	0	14
制造业	579	479	546	59	155	266
电力、热力、燃气及水生产和供应业	97	72	126	4	7	60
建筑业	102	70	83	3	16	39
批发和零售业	1	1	2	0	0	2
交通运输、仓储和邮政业	87	17	66	1	8	9
信息传输、软件和信息技术服务业	59	41	161	4	4	122
金融业	1	0	0	0	0	0
租赁和商务服务业	3	3	3	0	0	3
科学研究和技术服务业	1560	1182	2879	311	998	896
水利、环境和公共设施管理业	249	157	687	86	80	201
教育	187	159	157	9	117	6
卫生和社会工作	199	193	272	90	114	42
文化、体育和娱乐业	1	0	0	0	0	0
公共管理、社会保障和社会组织	49	7	49	0	7	0
国际组织	1	1	1	1	0	0

续表

R&D 成果应用	科技服务	课题经费内部支出（万元）	# 政府资金	基础研究	应用研究	试验发展	R&D 成果应用	科技服务
46	74	75424	63966	301	3497	67725	1894	2008
0	0	24106	23118	6114	17992	0	0	0
4	9	1341	499	0	0	1142	41	158
0	0	218	213	0	132	87	0	0
269	861	163336	121206	11383	42383	72128	11677	25764
51	39	5873	4968	7	1895	3349	200	422
37	19	28547	22661	816	4985	20589	1787	370
25	51	8969	4738	0	897	6674	259	1139
0	0	371	350	103	12	256	0	0
9	98	5431	2695	103	386	2552	155	2235
87	58	6783	6616	407	1948	1859	2143	427
0	3	558	305	2	54	472	0	31
38	29	20763	15742	5203	4395	8594	1870	701
7	48	4041	1800	137	295	2013	208	1388
3	21	2877	620	99	347	1157	63	1212
0	0	13	0	0	0	13	0	0
3	45	4368	1423	46	417	1636	123	2147
18	14	58573	52098	0	92	57628	551	303
0	0	0	0	0	0	0	0	0
0	0	6	6	0	0	6	0	0
95	579	85798	56046	3229	32968	27639	2381	19581
112	207	17181	10627	1183	2190	4105	6624	3080
2	23	6636	6574	326	5146	144	22	999
26	0	4679	4545	1732	2570	285	93	0
0	0	5	5	0	0	0	0	5
0	42	195	161	0	139	0	0	57
0	0	49	49	49	0	0	0	0

表 2-8　科学研究和技术服务业

项　目	R&D 人员（人）	# 女性	按工作量分		博士毕业
			R&D 全时人员	R&D 非全时人员	
合计	**6825**	**3176**	**3850**	**2975**	**1452**
一、按机构隶属关系分					
中央部门属	3772	1792	2428	1344	907
非中央部门属	3053	1384	1422	1631	545
二、按机构从事的国民经济行业分					
研究和试验发展	4958	2507	3158	1800	1208
专业技术服务业	1641	602	551	1090	209
科技推广和应用服务业	226	67	141	85	35
三、按机构服务的国民经济行业分					
农、林、牧、渔业	103	52	32	71	12
采矿业、制造业	1156	663	771	385	296
电力、热力、燃气及水生产和供应业、建筑业	139	33	59	80	3
信息传输、软件和信息技术服务业、租赁和商务服务业	130	40	109	21	4
科学研究和技术服务业	4126	1627	2369	1757	929
水利、环境和公共设施管理业	373	181	96	277	39
卫生和社会工作	688	507	369	319	152
公共管理、社会保障和社会组织	110	73	45	65	17
四、按机构所属学科分					
自然科学	2301	1128	1292	1009	495
农业科学	494	213	307	187	116
医药科学	867	591	548	319	217
工程与技术科学	2756	961	1321	1435	480
人文与社会科学	407	283	382	25	144
五、按机构从业人员规模分					
≥ 1000 人	562	416	307	255	142
500 ～ 999 人	703	284	448	255	120
300 ～ 499 人	1778	850	1083	695	464
200 ～ 299 人	1219	543	758	461	264
100 ～ 199 人	1442	618	738	704	309
50 ～ 99 人	687	229	365	322	94
30 ～ 49 人	276	173	95	181	21
20 ～ 29 人	67	34	38	29	20
10 ～ 19 人	88	29	15	73	18
0 ～ 9 人	3	0	3	0	0

事业单位 R&D 人员情况（2021 年）

按学历分			R&D 人员折合全时当量（人年）	# 研究人员	按活动类型分		
硕士毕业	本科毕业	其他			基础研究	应用研究	试验发展
2870	**2163**	**340**	**4943**	**3538**	**807**	**1880**	**2256**
1663	977	225	2851	2199	645	1116	1090
1207	1186	115	2092	1339	162	764	1166
2005	1481	264	3834	2721	743	1539	1552
759	602	71	925	754	64	341	520
106	80	5	184	63	0	0	184
39	50	2	48	48	4	27	17
406	403	51	945	744	179	364	402
62	57	17	98	70	0	24	74
82	41	3	120	50	0	9	111
1796	1176	225	3035	2213	416	1205	1414
153	175	6	174	109	10	41	123
287	228	21	456	249	198	210	48
45	33	15	67	55	0	0	67
1058	677	71	1654	1350	247	782	625
218	152	8	357	258	42	106	209
331	255	64	635	348	282	225	128
1097	996	183	1910	1200	177	469	1264
166	83	14	387	382	59	298	30
253	155	12	360	200	198	155	7
306	234	43	563	369	63	109	391
895	389	30	1273	1109	151	759	363
509	375	71	926	769	207	452	267
489	513	131	1045	683	137	163	745
283	264	46	473	213	4	162	307
78	175	2	201	124	44	26	131
29	15	3	51	40	3	32	16
27	42	1	48	30	0	22	26
1	1	1	3	1	0	0	3

表 2-9 科学研究和技术服务业事业单位 R&D 经费

项 目	R&D 经费内部支出	按活动类型分			按支出类别分		
		基础研究	应用研究	试验发展	日常性支出	人员劳务费	其他日常性支出
合计	**338030**	**36404**	**99783**	**201843**	**234693**	**143066**	**91627**
一、按机构隶属关系分							
中央部门属	186881	31541	67479	87861	145632	87595	58037
非中央部门属	151149	4863	32304	113982	89061	55470	33590
二、按机构从事的国民经济行业分							
研究和试验发展	226380	31516	81819	113045	178249	107198	71052
专业技术服务业	47877	4888	17964	25025	43810	32006	11805
科技推广和应用服务业	63773	0	0	63773	12633	3862	8771
三、按机构服务的国民经济行业分							
农、林、牧、渔业	1507	159	720	628	1507	1444	63
采矿业、制造业	76910	10965	29378	36567	47469	28509	18961
电力、热力、燃气及水生产和供应业、建筑业	2865	0	690	2175	2857	2652	205
信息传输、软件和信息技术服务业、租赁和商务服务业	58592	0	212	58380	8901	3213	5688
科学研究和技术服务业	162978	18693	53783	90501	144842	93328	51514
水利、环境和公共设施管理业	14738	245	4998	9495	10183	6501	3683
卫生和社会工作	18413	6342	10002	2070	16908	6223	10685
公共管理、社会保障和社会组织	2027	0	0	2027	2026	1198	828
四、按机构所属学科分							
自然科学	102701	15305	42063	45332	73478	46541	26937
农业科学	15820	1287	2236	12297	14400	13053	1347
医药科学	28856	10153	10839	7863	26018	12749	13269
工程与技术科学	172970	7123	31223	134624	103560	58846	44714
人文与社会科学	17684	2535	13421	1727	17236	11875	5361
五、按机构从业人员规模分							
≥ 1000 人	15183	6342	8447	395	13883	3940	9944
500 ～ 999 人	40301	1946	5905	32450	28652	20527	8126
300 ～ 499 人	86724	10356	41855	34513	66096	43830	22266
200 ～ 299 人	55303	10207	25984	19112	47772	30459	17313
100 ～ 199 人	52575	6757	8247	37571	45499	28972	16527
50 ～ 99 人	72796	226	5083	67488	20741	8824	11917
30 ～ 49 人	10099	303	1148	8648	8830	4475	4355
20 ～ 29 人	3889	267	2371	1251	2201	1426	775
10 ～ 19 人	1096	0	744	352	953	575	379
0 ～ 9 人	65	0	0	65	65	40	25

内部支出按活动类型分布（2021 年）

单位：万元

资产性支出					按资金来源分			
资产性支出	土建费	仪器与设备支出	资本化的计算机软件支出	专利和专有技术支出	政府资金	企业资金	国外资金	其他资金
103337	**6771**	**93686**	**2742**	**138**	**259332**	**37560**	**0**	**41138**
41249	6358	33321	1549	21	138360	24575	0	23947
62088	413	60365	1193	117	120972	12985	0	17192
48130	6119	39694	2206	111	174543	23119	0	28718
4067	267	3382	391	27	27942	12485	0	7451
51140	385	50610	145	0	56847	1956	0	4970
0	0	0	0	0	1507	0	0	0
29441	5985	22760	695	0	52615	3869	0	20426
8	0	8	0	0	272	352	0	2240
49691	0	48858	834	0	51909	1667	0	5017
18136	785	16221	991	138	126137	27343	0	9497
4555	0	4544	11	0	10951	0	0	3786
1505	0	1295	211	0	14012	4328	0	73
1	0	0	1	0	1928	0	0	99
29222	328	27924	949	21	92189	5879	0	4633
1420	0	1390	30	0	15796	24	0	0
2838	0	2627	211	0	21411	6564	0	882
69410	6443	61297	1553	117	112700	25093	0	35176
447	0	447	0	0	17236	0	0	447
1300	0	1100	200	0	10782	4328	0	73
11649	5959	4964	725	0	20571	24	0	19706
20628	61	20017	545	5	65557	16994	0	4172
7531	223	7237	70	1	50164	689	0	4450
7076	114	6818	61	83	40484	9984	0	2107
52055	385	51633	13	24	62541	2451	0	7805
1268	0	552	691	26	5797	3024	0	1277
1688	28	1222	438	0	2444	0	0	1445
142	0	142	0	0	992	0	0	104
1	0	1	0	0	0	65	0	0

表 2-10　科学研究和技术服务业事业单位

项　目	R&D 日常性支出			
		按活动类型分		
		基础研究	应用研究	试验发展
合计	**234693**	**29610**	**79755**	**125328**
一、按机构隶属关系分				
中央部门属	145632	25298	52258	68076
非中央部门属	89061	4312	27497	57252
二、按机构从事的国民经济行业分				
研究和试验发展	178249	25320	63543	89387
专业技术服务业	43810	4291	16213	23307
科技推广和应用服务业	12633	0	0	12633
三、按机构服务的国民经济行业分				
农、林、牧、渔业	1507	159	720	628
采矿业、制造业	47469	6551	17576	23343
电力、热力、燃气及水生产和供应业、建筑业	2857	0	690	2167
信息传输、软件和信息技术服务业、租赁和商务服务业	8901	0	199	8702
科学研究和技术服务业	144842	16974	48079	79790
水利、环境和公共设施管理业	10183	128	3312	6743
卫生和社会工作	16908	5799	9180	1930
公共管理、社会保障和社会组织	2026	0	0	2026
四、按机构所属学科分				
自然科学	73478	10340	28413	34725
农业科学	14400	1173	2052	11175
医药科学	26018	9124	9910	6984
工程与技术科学	103560	6535	26308	70717
人文与社会科学	17236	2438	13072	1727
五、按机构从业人员规模分				
≥ 1000 人	13883	5799	7724	361
500 ～ 999 人	28652	1513	4131	23009
300 ～ 499 人	66096	6255	31113	28727
200 ～ 299 人	47772	9453	23592	14727
100 ～ 199 人	45499	6017	6333	33149
50 ～ 99 人	20741	197	3775	16769
30 ～ 49 人	8830	281	980	7570
20 ～ 29 人	2201	96	1419	686
10 ～ 19 人	953	0	689	265
0 ～ 9 人	65	0	0	65

R&D 日常性支出情况（2021 年）

单位：万元

按来源分				
政府资金	企业资金	事业单位资金	国外资金	其他资金
168342	**37429**	**25233**	**0**	**3689**
105942	24532	14350	0	809
62400	12897	10883	0	2881
135551	23031	17067	0	2600
24335	12441	5945	0	1090
8456	1956	2221	0	0
1507	0	0	0	0
31707	3841	11922	0	0
272	344	2240	0	0
4975	1658	2221	0	47
109027	27271	6693	0	1852
6397	0	1995	0	1791
12531	4314	64	0	0
1927	0	99	0	0
63107	5807	3522	0	1043
14376	24	0	0	0
18596	6550	64	0	809
55026	25048	21648	0	1838
17236	0	0	0	0
9506	4314	64	0	0
17401	24	11228	0	0
45316	16966	3814	0	0
43146	689	3937	0	0
33436	9982	1272	0	809
12817	2407	3726	0	1791
4580	2982	776	0	492
1290	0	360	0	551
850	0	57	0	47
0	65	0	0	0

表 2-11　科学研究和技术服务业事业单位

项　目	R&D 经费外部支出	对境内研究机构支出
合计	**4806**	**28**
一、按机构隶属关系分		
中央部门属	0	0
非中央部门属	4806	28
二、按机构从事的国民经济行业分		
研究和试验发展	4806	28
专业技术服务业	0	0
科技推广和应用服务业	0	0
三、按机构服务的国民经济行业分		
农、林、牧、渔业	0	0
采矿业、制造业	4490	0
电力、热力、燃气及水生产和供应业、建筑业	90	0
信息传输、软件和信息技术服务业、租赁和商务服务业	0	0
科学研究和技术服务业	156	0
水利、环境和公共设施管理业	70	28
卫生和社会工作	0	0
公共管理、社会保障和社会组织	0	0
四、按机构所属学科分		
自然科学	0	0
农业科学	0	0
医药科学	0	0
工程与技术科学	4806	28
人文与社会科学	0	0
五、按机构从业人员规模分		
≥ 1000 人	0	0
500 ～ 999 人	0	0
300 ～ 499 人	0	0
200 ～ 299 人	90	0
100 ～ 199 人	226	28
50 ～ 99 人	0	0
30 ～ 49 人	4457	0
20 ～ 29 人	0	0
10 ～ 19 人	33	0
0 ～ 9 人	0	0

R&D 经费外部支出情况（2021 年）

单位：万元

对境内高等学校支出	对境内企业支出	对境内其他单位支出	对境外机构支出
148	**4630**	**0**	**0**
0	0	0	0
148	4630	0	0
148	4630	0	0
0	0	0	0
0	0	0	0
0	0	0	0
0	4490	0	0
46	45	0	0
0	0	0	0
75	81	0	0
28	15	0	0
0	0	0	0
0	0	0	0
0	0	0	0
0	0	0	0
0	0	0	0
148	4630	0	0
0	0	0	0
0	0	0	0
0	0	0	0
0	0	0	0
46	45	0	0
103	96	0	0
0	0	0	0
0	4457	0	0
0	0	0	0
0	33	0	0
0	0	0	0

表 2-12　科学研究和技术服务业

项　目	专利申请受理数（件）	# 发明专利	专利授权数（件）	# 发明专利	# 国外授权	有效发明专利数（件）	专利所有权转让与许可数（件）
合计	**1315**	**666**	**998**	**424**	**32**	**2243**	**75**
一、按机构隶属关系分							
中央部门属	829	423	602	303	30	1515	37
非中央部门属	486	243	396	121	2	728	38
二、按机构从事的国民经济行业分							
研究和试验发展	810	538	544	333	5	1804	54
专业技术服务业	462	89	412	73	26	399	1
科技推广和应用服务业	43	39	42	18	1	40	20
三、按机构服务的国民经济行业分							
农、林、牧、渔业	22	3	20	1	0	33	1
采矿业、制造业	268	218	217	169	3	624	21
电力、热力、燃气及水生产和供应业、建筑业	6	3	3	0	0	13	0
信息传输、软件和信息技术服务业、租赁和商务服务业	16	16	24	24	0	52	0
科学研究和技术服务业	830	399	578	213	29	1324	52
水利、环境和公共设施管理业	120	2	133	5	0	124	0
卫生和社会工作	48	22	14	11	0	67	1
公共管理、社会保障和社会组织	5	3	9	1	0	6	0
四、按机构所属学科分							
自然科学	287	248	255	198	3	850	20
农业科学	136	52	72	15	2	233	10
医药科学	85	38	30	19	0	110	10
工程与技术科学	807	328	641	192	27	1050	35
人文与社会科学	0	0	0	0	0	0	0
五、按机构从业人员规模分							
≥ 1000 人	48	22	12	9	0	57	1
500 ～ 999 人	164	80	94	37	1	255	10
300 ～ 499 人	477	236	391	191	28	694	21
200 ～ 299 人	191	61	151	38	0	288	1
100 ～ 199 人	208	92	187	59	2	570	22
50 ～ 99 人	151	123	92	45	1	185	6
30 ～ 49 人	23	12	38	24	0	117	0
20 ～ 29 人	22	19	9	4	0	9	0
10 ～ 19 人	31	21	24	17	0	68	14
0 ～ 9 人	0	0	0	0	0	0	0

事业单位科技产出情况（2021 年）

专利所有权转让与许可收入（万元）	科技论文（篇）	# 国外发表	科技著作（种）	形成国家或行业标准数（项）	集成电路布图设计登记数（件）	植物新品种权授予数（项）	软件著作权数（件）	新药证书数（件）
4313	**3149**	**847**	**152**	**126**	**4**	**3**	**366**	**0**
2133	1823	740	56	87	0	0	199	0
2180	1326	107	96	39	4	3	167	0
2225	2252	677	120	41	4	3	147	0
21	752	152	31	85	0	0	186	0
2067	145	18	1	0	0	0	33	0
1	24	1	0	3	0	0	1	0
1871	338	200	3	2	1	0	24	0
0	41	0	0	1	0	0	2	0
0	8	8	0	0	0	0	0	0
2439	2248	464	135	114	3	3	291	0
0	74	9	10	4	0	0	37	0
3	327	165	3	0	0	0	0	0
0	89	0	1	2	0	0	11	0
1858	699	275	8	27	0	0	65	0
113	241	33	8	37	0	3	42	0
103	442	216	6	0	0	0	0	0
2240	1245	323	64	62	4	0	249	0
0	522	0	66	0	0	0	10	0
3	390	159	2	0	0	0	0	0
125	284	32	9	5	0	3	60	0
1878	804	324	29	19	0	0	113	0
20	963	186	86	18	0	0	67	0
220	451	105	20	69	0	0	48	0
2067	156	14	3	10	0	0	49	0
0	36	7	2	1	1	0	19	0
0	35	14	1	4	0	0	10	0
0	30	6	0	0	3	0	0	0
0	0	0	0	0	0	0	0	0

表 2-13 科学研究和技术服务业

项目	对外科技服务工作量	科技成果的示范性推广工作	为用户提供可行性报告、技术方案、建议及进行技术论证等技术咨询工作
合计	**3580**	**202**	**960**
一、按机构隶属关系分			
中央部门属	753	75	198
非中央部门属	2827	127	762
二、按机构从事的国民经济行业分			
研究和试验发展	1408	176	421
专业技术服务业	1986	17	512
科技推广和应用服务业	186	9	27
三、按机构服务的国民经济行业分			
农、林、牧、渔业	72	28	0
采矿业、制造业	626	54	303
电力、热力、燃气及水生产和供应业、建筑业	183	35	43
信息传输、软件和信息技术服务业、租赁和商务服务业	16	1	3
科学研究和技术服务业	2184	76	383
水利、环境和公共设施管理业	255	4	177
卫生和社会工作	96	4	26
公共管理、社会保障和社会组织	148	0	25
四、按机构所属学科分			
自然科学	722	37	322
农业科学	124	34	8
医药科学	88	5	12
工程与技术科学	2541	126	571
人文与社会科学	105	0	47
五、按机构从业人员规模分			
≥ 1000 人	25	0	0
500 ~ 999 人	189	41	34
300 ~ 499 人	453	22	94
200 ~ 299 人	1043	51	383
100 ~ 199 人	1013	44	227
50 ~ 99 人	581	16	133
30 ~ 49 人	157	22	36
20 ~ 29 人	78	2	43
10 ~ 19 人	35	4	9
0 ~ 9 人	6	0	1

事业单位对外科技服务情况（2021 年）

单位：人年

地形、地质和水文考察、天文、气象和地震的日常观察	为社会和公众提供的检验、检疫、测试、标准化、计量、计算、质量控制和专利服务	科技信息文献服务	提供孵化、平台搭建等科技服务活动	科学普及	其他科技服务活动
49	**1706**	**55**	**116**	**141**	**351**
36	314	17	37	64	12
13	1392	38	79	77	339
1	427	51	78	105	149
47	1202	3	5	35	165
1	77	1	33	1	37
0	0	0	0	0	44
2	173	11	46	21	16
0	95	4	0	1	5
0	11	0	0	0	1
47	1282	15	67	73	241
0	60	0	0	14	0
0	25	3	0	15	23
0	60	22	3	17	21
14	216	7	35	29	62
0	23	3	2	4	50
0	31	0	1	16	23
35	1436	20	78	80	195
0	0	25	0	12	21
0	13	0	0	12	0
0	62	11	12	14	15
28	290	1	10	8	0
10	549	9	12	25	4
0	451	24	17	50	200
6	263	6	34	2	121
0	49	3	18	22	7
5	22	1	1	4	0
0	2	0	12	4	4
0	5	0	0	0	0

（二）科学研究和技术服务业企业

表 2-14　科学研究和技术

项　目	企业数（个）	从业人员（人）	# 专业技术人员	# 本科及以上学历
合计	**52**	**9746**	**7111**	**8112**
一、按机构隶属关系分				
中央属	8	5489	4559	5109
地方属	25	3097	1915	2180
其他	19	1160	637	823
二、按机构从事的国民经济行业分				
制造业	23	1601	746	906
批发和零售业、信息传输、软件和信息技术服务业	3	149	100	109
租赁和商务服务业、科学研究和技术服务业	26	7996	6265	7097
三、按机构所属学科分				
自然科学及医药科学	5	590	345	382
工程与技术科学及人文与社会科学	47	9156	6766	7730
四、按机构登记注册类型分				
国有	23	2698	1793	2019
有限责任公司	29	7048	5318	6093

表 2-15　科学研究和技术服务业

项　目	技术性收入	技术转让收入	技术承包收入	技术咨询与服务收入	技术开发收入
合计	**748200**	**32**	**468606**	**262680**	**16883**
一、按机构隶属关系分					
中央属	614630	0	468606	140905	5119
地方属	102401	0	0	99476	2925
其他	31169	32	0	22298	8839
二、按机构从事的国民经济行业分					
制造业	8745	0	0	6514	2231
批发和零售业、信息传输、软件和信息技术服务业	276	0	0	141	135
租赁和商务服务业、科学研究和技术服务业	739179	32	468606	256025	14517
三、按机构所属学科分					
自然科学及医药科学	4748	28	0	727	3993
工程与技术科学及人文与社会科学	743452	5	468606	261952	12890
四、按机构登记注册类型分					
国有	98762	0	0	92921	5841
有限责任公司	649438	32	468606	169759	11042

服务业企业概况（2021 年）

技术性收入（万元）	# 技术开发收入	科技活动经费支出（万元）
748200	**16883**	**120791**
614630	5119	83668
102401	2925	14529
31169	8839	22593
8745	2231	10640
276	135	686
739179	14517	109465
4748	3993	15183
743452	12890	105608
98762	5841	48369
649438	11042	72422

企业技术性收入情况（2021 年）

单位：万元

技术开发收入	政府委托 / 采购	企业委托	国外委托	其他
16883	**264**	**16456**	**0**	**163**
5119	0	5119	0	0
2925	0	2903	0	22
8839	264	8434	0	141
2231	158	1938	0	135
135	0	129	0	6
14517	106	14389	0	22
3993	0	3993	0	0
12890	264	12463	0	163
5841	0	5841	0	0
11042	264	10615	0	163

表 2-16　科学研究和技术服务业企业

项　目	科技活动经费支出	人员人工费用（包含各种补贴）	直接投入费用
合计	**120791**	**54599**	**37363**
一、按机构隶属关系分			
中央属	83668	36247	31520
地方属	14529	10570	2492
其他	22593	7782	3351
二、按机构从事的国民经济行业分			
制造业	10640	6069	2853
批发和零售业、信息传输、软件和信息技术服务业	686	579	0
租赁和商务服务业、科学研究和技术服务业	109465	47952	34510
三、按机构所属学科分			
自然科学及医药科学	15183	6473	2374
工程与技术科学及人文与社会科学	105608	48127	34989
四、按机构登记注册类型分			
国有	48369	21629	13853
有限责任公司	72422	32970	23511

科技活动经费支出情况（2021 年）

单位：万元

折旧费用与长期待摊费用	无形资产摊销费用	设计费用	装备调试费用与试验费用	委托外单位开展科技活动的经费	其他费用
10121	**498**	**25**	**9390**	**2266**	**6528**
3285	311	0	5663	2156	4487
311	90	24	78	54	910
6526	97	1	3649	56	1131
472	91	2	11	90	1052
7	0	0	0	3	96
9642	407	24	9379	2172	5380
1648	27	0	3472	0	1189
8473	471	25	5918	2266	5339
6784	369	24	2307	951	2452
3337	129	1	7083	1315	4076

表 2-17　科学研究和技术服务业企业固定资产情况（2021 年）

单位：万元

项　目	年末固定资产原价	# 科学仪器设备
合计	**1036369**	**382258**
一、按机构隶属关系分		
中央属	729454	342618
地方属	177253	7037
其他	129663	32603
二、按机构从事的国民经济行业分		
制造业	101421	10026
批发和零售业、信息传输、软件和信息技术服务业	282	6
租赁和商务服务业、科学研究和技术服务业	934666	372226
三、按机构所属学科分		
自然科学及医药科学	83517	17935
工程与技术科学及人文与社会科学	952853	364323
四、按机构登记注册类型分		
国有	202816	10608
有限责任公司	833554	371650

表 2-18 科学研究和技术服务业企业科技课题概况（2021 年）

项目	课题数（个）	课题经费内部支出（万元）	# 政府资金	课题人员折合全时当量（人年）	# 研究人员
合计	**702**	**91292**	**6926**	**2369**	**1736.2**
一、按机构隶属关系分					
中央属	381	63328	4227	1270	966.4
地方属	166	10516	419	664	372.5
其他	155	17448	2279	435	397.3
二、按课题来源分					
国家科技课题	66	5760	4371	186	107.3
地方科技课题	75	7873	2351	221	149.5
企业委托科技课题	146	18230	0	307	248.1
自选科技课题	400	58472	95	1604	1207.9
国际合作科技课题	3	763	37	21	15
其他科技课题	12	196	73	30	8.4
三、按课题活动类型分					
基础研究	19	1940	136	58	41.3
应用研究	109	6571	777	480	363.3
试验发展	534	80615	5894	1700	1258.5
试制与工程化	25	1305	71	81	43.7
技术咨询与技术服务	15	862	48	51	29.4
四、按课题所属学科分					
自然科学	22	1036	26	94	46.7
医药科学	56	11137	2020	122	119
工程与技术科学	623	79017	4879	2145	1568.5
人文与社会科学	1	103	0	8	2
五、按课题的社会经济目标分					
环境保护、生态建设及污染防治	50	5929	716	183	125.3
能源生产、分配和合理利用	53	4625	14	164	146
卫生事业发展	63	11320	2028	146	134.3
基础设施及城市和农村规划	203	21124	3493	761	541.2
基础社会发展和社会服务	103	24512	0	456	412
地球和大气层的探索与利用	5	436	0	31	1.7
农林牧渔业发展	3	344	25	16	9
工商业发展	169	20311	461	458	279.9
非定向研究	27	610	37	61	40
其他民用目标	26	2081	151	93	46.8
六、按课题服务的国民经济行业分					
农、林、牧、渔业	3	344	25	16	9
采矿业	49	4083	14	138	122.8
制造业	280	45713	2531	1002	775
电力、热力、燃气及水生产和供应业	18	3872	158	77	53.6
建筑业	28	1698	75	69	32.2
交通运输、仓储和邮政业	1	14	0	2	0.4
信息传输、软件和信息技术服务业	15	455	0	61	46.7
科学研究和技术服务业	252	29046	3466	804	566.9
水利、环境和公共设施管理业	48	5672	658	168	120.9
卫生和社会工作	1	0	0	0	0.3
公共管理、社会保障和社会组织	7	395	0	33	8.4

表 2-19 科学研究和技术服务业企业科技课题经费内部支出情况（2021 年）

单位：万元

项 目	课题经费内部支出	基础研究	应用研究	试验发展	试制与工程化	技术咨询与技术服务
合计	**91292**	**1940**	**6571**	**80615**	**1305**	**862**
一、按机构隶属关系分						
中央属	63328	1567	1982	58653	880	247
地方属	10516	297	1800	7621	368	431
其他	17448	77	2790	14340	57	184
二、按课题来源分						
国家科技课题	5760	98	1217	4403	42	0
地方科技课题	7873	38	1576	6213	35	11
企业委托科技课题	18230	39	261	16950	980	0
自选科技课题	58472	1766	3480	52249	144	834
国际合作科技课题	763	0	37	727	0	0
其他科技课题	196	0	0	74	105	17
三、按课题所属学科分						
自然科学	1036	122	328	366	1	218
医药科学	11137	0	1519	9619	0	0
工程与技术科学	79017	1818	4724	70527	1304	644
人文与社会科学	103	0	0	103	0	0
四、按课题的社会经济目标分						
环境保护、生态建设及污染防治	5929	91	642	5068	51	77
能源生产、分配和合理利用	4625	0	91	4522	12	0
卫生事业发展	11320	130	1546	9642	2	0
基础设施及城市和农村规划	21124	1517	1803	17502	56	247
基础社会发展和社会服务	24512	0	0	24287	26	199
地球和大气层的探索与利用	436	0	279	158	0	0
农林牧渔业发展	344	89	0	255	0	0
工商业发展	20311	113	1583	17253	1157	204
非定向研究	610	0	119	384	0	107
其他民用目标	2081	0	509	1544	0	28
五、按课题服务的国民经济行业分						
农、林、牧、渔业	344	89	0	255	0	0
采矿业	4083	33	202	3848	0	0
制造业	45713	185	2756	41955	756	62
电力、热力、燃气及水生产和供应业	3872	0	0	3860	12	0
建筑业	1698	0	120	1419	159	0
交通运输、仓储和邮政业	14	0	0	14	0	0
信息传输、软件和信息技术服务业	455	0	110	232	0	114
科学研究和技术服务业	29046	1542	2687	24105	112	601
水利、环境和公共设施管理业	5672	91	697	4567	240	77
卫生和社会工作	0	0	0	0	0	0
公共管理、社会保障和社会组织	344	89	0	255	0	0

表 2-20　科学研究和技术服务业企业科技课题投入人员情况（2021 年）

单位：人年

项　目	课题人员折合全时当量	基础研究	应用研究	试验发展	试制与工程化	技术咨询与技术服务
合计	**2369**	**58**	**480**	**1700**	**81**	**51**
一、按机构隶属关系分						
中央属	1270	32	154	1068	7	8
地方属	664	21	177	371	68	27
其他	435	4	149	261	6	16
二、按课题来源分						
国家科技课题	186	7	84	94	1	0
地方科技课题	221	9	80	114	13	5
企业委托科技课题	307	4	20	242	41	0
自选科技课题	1604	38	286	1230	12	38
国际合作科技课题	21	0	10	11	0	0
其他科技课题	30	0	0	8	14	8
三、按课题所属学科分						
自然科学	94	9	50	23	1	10
医药科学	122	0	39	83	0	0
工程与技术科学	2145	49	391	1585	80	40
人文与社会科学	8	0	0	8	0	0
四、按课题的社会经济目标分						
环境保护、生态建设及污染防治	183	6	42	125	4	7
能源生产、分配和合理利用	164	0	14	145	5	0
卫生事业发展	146	10	42	85	9	0
基础设施及城市和农村规划	761	28	247	473	4	8
基础社会发展和社会服务	456	0	0	448	2	6
地球和大气层的探索与利用	31	0	29	2	0	0
农林牧渔业发展	16	6	0	10	0	0
工商业发展	458	9	70	315	56	8
非定向研究	61	0	15	38	0	8
其他民用目标	93	0	21	59	0	13
五、按课题服务的国民经济行业分						
农、林、牧、渔业	16	6	0	10	0	0
采矿业	138	3	14	121	0	0
制造业	1002	14	120	811	40	16
电力、热力、燃气及水生产和供应业	77	0	0	72	5	0
建筑业	69	0	5	51	14	0
交通运输、仓储和邮政业	2	0	0	2	0	0
信息传输、软件和信息技术服务业	61	0	45	6	0	10
科学研究和技术服务业	804	30	252	497	10	15
水利、环境和公共设施管理业	168	6	44	103	9	7
卫生和社会工作	0	0	0	0	0	0
公共管理、社会保障和社会组织	33	0	0	29	2	2

表 2-21　科学研究和技术服务业企业 R&D 人员情况（2021 年）

项　目	R&D 人员（人）	# 女性	# 中、高级职称	按工作量分	
				R&D 全时人员	R&D 非全时人员
合计	**3939**	**1082**	**2560**	**2079**	**1860**
一、按机构隶属关系分					
中央属	2189	538	1633	809	1380
地方属	1292	394	637	905	387
其他	458	150	290	365	93
二、按机构从事的国民经济行业分					
制造业	600	155	335	406	194
批发和零售业、信息传输、软件和信息技术服务业	80	25	16	60	20
租赁和商务服务业、科学研究和技术服务业	3259	902	2209	1613	1646
三、按机构所属学科分					
自然科学及医药科学	269	114	142	208	61
工程与技术科学及人文与社会科学	3670	968	2418	1871	1799
四、按机构登记注册类型分					
国有	1339	352	700	1081	258
有限责任公司	2600	730	1860	998	1602

表 2-21　科学研究和技术服务业企业 R&D 人员情况（2021 年）（续）

项　目	R&D 人员（人）	按学历分				R&D 人员折合全时当量（人年）
		博士毕业	硕士毕业	本科毕业	其他	
合计	**3939**	**159**	**1543**	**2102**	**135**	**2821**
一、按机构隶属关系分						
中央属	2189	84	945	1124	36	1340
地方属	1292	28	381	794	89	1043
其他	458	47	217	184	10	438
二、按机构从事的国民经济行业分						
制造业	600	5	155	383	57	435
批发和零售业、信息传输、软件和信息技术服务业	80	0	15	35	30	62
租赁和商务服务业、科学研究和技术服务业	3259	154	1373	1684	48	2324
三、按机构所属学科分						
自然科学及医药科学	269	24	117	120	8	224
工程与技术科学及人文与社会科学	3670	135	1426	1982	127	2597
四、按机构登记注册类型分						
国有	1339	47	411	831	50	1122
有限责任公司	2600	112	1132	1271	85	1699

表 2-22　科学研究和技术服务业企业 R&D 经费内部支出按资金来源分布（2021 年）

单位：万元

项　目	R&D 经费内部支出	政府资金	企业资金	国外资金	其他资金
合计	**107652**	**7280**	**94377**	**0**	**5995**
一、按机构隶属关系分					
中央属	69448	4352	65096	0	0
地方属	13356	499	12564	0	293
其他	24848	2429	16717	0	5702
二、按机构从事的国民经济行业分					
制造业	9550	717	8633	0	200
批发和零售业、信息传输、软件和信息技术服务业	580	0	580	0	0
租赁和商务服务业、科学研究和技术服务业	97523	6563	85164	0	5796
三、按机构所属学科分					
自然科学及医药科学	18853	2056	16797	0	0
工程与技术科学及人文与社会科学	88799	5223	77581	0	5995
四、按机构登记注册类型分					
国有	35738	388	29448	0	5902
有限责任公司	71914	6892	64929	0	93

表 2-23 科学研究和技术服务业企业 R&D 经费内部支出按活动类型分布（2021 年）

单位：万元

项 目	R&D 经费内部支出	基础研究	应用研究	试验发展
合计	**107652**	**2331**	**10120**	**95201**
一、按机构隶属关系分				
中央属	69448	1855	2374	65220
地方属	13356	397	4144	8815
其他	24848	79	3603	21167
二、按机构从事的国民经济行业分				
制造业	9550	276	1454	7820
批发和零售业、信息传输、软件和信息技术服务业	580	0	109	471
租赁和商务服务业、科学研究和技术服务业	97523	2055	8558	86910
三、按机构所属学科分				
自然科学及医药科学	18853	121	4284	14449
工程与技术科学及人文与社会科学	88799	2210	5836	80753
四、按机构登记注册类型分				
国有	35738	276	4442	31021
有限责任公司	71914	2055	5678	64181

表 2-24 科学研究和技术服务业企业 R&D 经费内部支出按支出用途分布（2021 年）

单位：万元

项目	R&D 经费内部支出	经常费支出				基本建设费		
			劳务费	设备购置费	其他日常支出		# 仪器设备费	# 土建费
合计	**107652**	**90018**	**41487**	**36214**	**12317**	**17634**	**15963**	**2**
一、按机构隶属关系分								
中央属	69448	62260	24534	30850	6875	7189	5540	0
地方属	13356	13315	10023	2246	1047	40	40	0
其他	24848	14444	6931	3118	4395	10405	10383	2
二、按机构从事的国民经济行业分								
制造业	9550	9346	5688	2899	759	204	169	0
批发和零售业、信息传输、软件和信息技术服务业	580	580	501	0	79	0	0	0
租赁和商务服务业、科学研究和技术服务业	97523	80093	35299	33315	11479	17430	15794	2
三、按机构所属学科分								
自然科学及医药科学	18853	13352	6398	2374	4580	5501	5501	0
工程与技术科学及人文与社会科学	88799	76667	35089	33840	7737	12133	10462	2
四、按机构登记注册类型分								
国有	35738	28268	12790	13668	1810	7471	7436	0
有限责任公司	71914	61751	28697	22547	10507	10163	8527	2

表 2-25 科学研究和技术服务业企业 R&D 经费外部支出情况（2021 年）

单位：万元

项 目	R&D 经费外部支出	对境内研究机构支出	对境内高等学校支出	对境内企业支出	对境内其他单位支出	对境外机构支出
合计	**1431**	**0**	**714**	**717**	**0**	**0**
一、按机构隶属关系分						
中央属	1342	0	714	628	0	0
地方属	50	0	0	50	0	0
其他	38	0	0	38	0	0
二、按机构从事的国民经济行业分						
制造业	83	0	33	50	0	0
批发和零售业、信息传输、软件和信息技术服务业	0	0	0	0	0	0
租赁和商务服务业、科学研究和技术服务业	1348	0	681	666	0	0
三、按机构所属学科分						
自然科学及医药科学	0	0	0	0	0	0
工程与技术科学及人文与社会科学	1431	0	714	717	0	0
四、按机构登记注册类型分						
国有	159	0	131	28	0	0
有限责任公司	1272	0	584	688	0	0

表 2-26　科学研究和技术服务业企业专利情况（2021 年）

项　目	专利申请数（件）	# 发明专利	专利授权数（件）	# 发明专利	# 国外授权	有效发明专利总数（件）	专利所有权转让及许可数（件）	专利所有权转让及许可收入（万元）
合计	**571**	**315**	**427**	**124**	**9**	**1425**	**42**	**22**
一、按机构隶属关系分								
中央属	340	219	240	83	1	787	40	0
地方属	133	41	90	10	0	321	0	0
其他	98	55	97	31	8	317	2	22
二、按机构从事的国民经济行业分								
制造业	124	40	91	12	0	360	0	0
批发和零售业、信息传输、软件和信息技术服务业	1	0	0	0	0	0	0	0
租赁和商务服务业、科学研究和技术服务业	446	275	336	112	9	1065	42	22
三、按机构所属学科分								
自然科学及医药科学	48	29	46	29	7	188	1	17
工程与技术科学及人文与社会科学	523	286	381	95	2	1237	41	5
四、按机构登记注册类型分								
国有	250	142	144	51	0	828	1	0
有限责任公司	321	173	283	73	9	597	41	22

表 2-27　科学研究和技术服务业企业论文、著作及其他科技产出情况（2021 年）

项　目	科技论文（篇）	# 国外发表	科技著作（种）	形成国家或行业标准数（项）	集成电路布图设计登记数（件）	植物新品种权授予数（项）	软件著作权数（件）	新药证书数（件）
合计	**1119**	**244**	**11**	**147**	**0**	**0**	**208**	**1**
一、按机构隶属关系分								
中央属	724	207	9	119	0	0	91	0
地方属	251	1	0	14	0	0	104	0
其他	144	36	2	14	0	0	13	1
二、按机构从事的国民经济行业分								
制造业	122	3	0	16	0	0	35	0
批发和零售业、信息传输、软件和信息技术服务业	0	0	2	0	0	0	3	0
租赁和商务服务业、科学研究和技术服务业	997	241	9	131	0	0	170	1
三、按机构所属学科分								
自然科学及医药科学	43	0	0	10	0	0	0	1
工程与技术科学及人文与社会科学	1076	244	11	137	0	0	208	0
四、按机构登记注册类型分								
国有	196	17	2	99	0	0	106	0
有限责任公司	923	227	9	48	0	0	102	1

2022天津科技统计年鉴

第三部分

规模以上工业企业

表 3-1　规模以上工业企业基本情况（2016—2021 年）

项　目	2016 年	2017 年	2018 年	2019 年	2020 年	2021 年
企业数（个）	**5198**	**4281**	**4363**	**4811**	**5118**	**5659**
大型企业	189	140	130	127	119	121
中型企业	718	512	488	465	459	459
小型企业	3960	3293	3356	3673	3871	4210
微型企业	331	336	389	546	669	869
# 有 R&D 活动（个）	**2051**	**1714**	**1387**	**1298**	**1444**	**1649**
大型企业	124	92	79	77	70	73
中型企业	406	311	271	222	250	250
小型企业	1481	1279	1011	950	1065	1248
微型企业	40	32	26	49	59	78
# 有研发机构（个）	**812**	**464**	**403**	**433**	**479**	**537**
大型企业	76	55	44	48	49	44
中型企业	187	120	112	120	134	149
小型企业	543	285	244	256	290	337
微型企业	6	4	3	9	6	7
从业人员期末人数（人）	**1424885**	**1050726**	**961176**	**954268**	**950731**	**955578**
大型企业	632745	447211	376750	357807	350462	344161
中型企业	384342	276915	260698	245675	245307	237950
小型企业	404111	322485	318699	334476	344117	363139
微型企业	3687	4115	5029	16310	10845	10328
工业总产值（亿元）	**27398.43**	**15542.45**	**16597.75**	**17688.04**	**17569.83**	**21170.23**
大型企业	12984.25	7533.51	7970.25	8131.90	7751.62	9468.63
中型企业	6913.73	3506.00	3683.84	3717.40	3960.74	4539.26
小型企业	7022.17	4237.38	4675.54	5029.88	5203.72	6674.68
微型企业	478.28	265.56	268.13	808.86	653.75	487.67
营业收入①（亿元）	**25884.61**	**16139.54**	**17569.60**	**18967.78**	**19009.11**	**23013.48**
大型企业	12002.65	7710.37	8156.58	8511.54	8088.68	9865.18
中型企业	6677.28	3652.50	4056.15	4042.81	4379.53	5070.41
小型企业	6806.48	4397.02	4995.25	5573.72	5783.82	7482.54
微型企业	398.20	379.65	361.61	839.71	757.09	595.35
利润总额（亿元）	**2047.09**	**1061.38**	**1243.79**	**1248.37**	**978.74**	**1516.48**
大型企业	1150.89	733.23	949.62	882.32	554.45	996.57
中型企业	569.83	165.79	132.67	155.59	168.74	225.88
小型企业	311.13	152.05	157.09	194.43	234.22	284.62
微型企业	15.23	10.31	4.42	16.03	21.32	9.41
资产总计（亿元）	**25060.58**	**20725.54**	**20996.69**	**21616.41**	**21635.07**	**23421.37**
大型企业	12646.46	10312.20	9993.21	9861.76	9901.00	10674.32
中型企业	6530.60	4930.22	5300.68	4627.85	4806.50	5149.75
小型企业	5536.78	5040.47	5442.06	5964.27	6206.76	7078.08
微型企业	346.74	442.64	260.74	1162.54	720.82	519.22

注：① 2016—2018 年数据为主营业务收入口径。

表 3-2 规模以上工业企业基本情况（2021 年）

项 目	企业数（个）	# 有 R&D 活动	# 有研发机构	从业人员期末人数（人）	工业总产值（亿元）	营业收入（万元）	利润总额（万元）	资产总计（万元）
合计	**5659**	**1649**	**537**	**955578**	**21170.23**	**230134760**	**15164750**	**234213657**
一、按企业规模分								
大型	121	73	44	344161	9468.63	98651823	9965668	106743190
中型	459	250	149	237950	4539.26	50704076	2258786	51497545
小型	4210	1248	337	363139	6674.68	74825398	2846229	70780760
微型	869	78	7	10328	487.67	5953463	94067	5192163
二、按隶属关系分								
中央	83	56	21	84816	2428.78	25453623	335054	32422602
地方	426	143	86	145783	3183.44	35061262	1788193	49944593
其他	5150	1450	430	724979	15558.00	169619875	13041504	151846462
三、按登记注册类型分								
内资企业	**4540**	**1390**	**436**	**619834**	**12639.50**	**139953493**	**3727637**	**151358403**
国有企业	38	12	5	7968	373.38	4008203	220481	3161330
集体企业	12	1	0	1047	8.06	82299	1602	57879
股份合作企业和联营企业	19	4	2	2123	24.78	256331	2596	225699
有限责任公司	993	395	169	244191	4890.46	53620792	871302	72671454
股份有限公司	195	119	61	83213	1900.79	21257604	1288807	30186397
私营企业及其他企业	3283	859	199	281292	5442.03	60728264	1342850	45055644
港、澳、台商投资企业	**222**	**83**	**29**	**75514**	**2198.76**	**22271963**	**6062295**	**28350718**
合资经营企业（港或澳、台资）	89	39	15	29100	495.05	5235901	317109	6204830
港、澳、台商独资经营企业	120	35	10	39686	1483.21	14886530	5875725	18542588
港、澳、台商投资股份有限公司	8	6	2	6115	208.89	2032346	−99977	3263743
合作经营企业（港或澳、台资）和其他港、澳、台投资企业	5	3	2	613	11.60	117187	−30563	339557
外商投资企业	**897**	**176**	**72**	**260230**	**6331.97**	**67909305**	**5374818**	**54504537**
中外合资经营企业	244	67	28	98006	2856.15	30374559	2273524	22704530
中外合作经营企业	6	1	0	2077	33.47	388975	30752	464295
外资企业	628	98	37	156355	3334.62	36160642	2972035	29002647
外商投资股份有限公司	12	8	5	2067	68.64	557533	74852	1689752
其他外商投资企业	7	2	2	1725	39.08	427596	23655	643313
四、按国民经济行业分								
采矿业	**13**	**7**	**5**	**54963**	**1450.85**	**14694464**	**5285691**	**25716981**
煤炭开采和洗选业	2	1	0	390	1.04	17537	−1468	77711
石油和天然气开采业	2	2	2	18996	1067.00	10507383	5395483	17943232
黑色金属矿采选业和非金属矿采选业	3	2	2	4927	97.68	1302801	26446	3536329
开采专业及辅助性活动	6	2	1	30650	285.12	2866743	−134770	4159709
制造业	**5403**	**1620**	**528**	**859067**	**18245.47**	**199747518**	**9714384**	**175231341**
农副食品加工业	143	24	6	15222	633.72	7277407	172694	3701548
食品制造业	132	37	13	26008	350.69	3894976	303112	3861460
酒、饮料和精制茶制造业	34	7	4	7359	82.77	1051179	44693	1102432

续表

项　目	企业数（个）	# 有 R&D 活动	# 有研发机构	从业人员期末人数（人）	工业总产值（亿元）	营业收入（万元）	利润总额（万元）	资产总计（万元）
烟草制造业与纺织业	49	8	2	7086	113.37	1723613	112097	1731715
纺织服装、服饰业	37	2	0	3912	13.23	138113	1361	159316
皮革、毛皮、羽毛及其制品和制鞋业	20	4	1	4374	19.95	206336	6478	154968
木材加工和木、竹、藤、棕、草制品业	36	2	0	1292	17.44	176937	−1344	139700
家具制造业	52	10	2	15924	79.77	839148	32895	813619
造纸和纸制品业	144	28	6	13977	257.37	2811704	139568	2372094
印刷和记录媒介复制业	88	23	2	10240	77.01	797293	27280	1117249
文教、工美、体育和娱乐用品制造业	82	16	7	10565	94.74	1284953	62614	897972
石油、煤炭及其他燃料加工业	41	10	5	11502	1021.65	10976090	452142	6020389
化学原料和化学制品制造业	318	111	53	38390	1161.93	12978047	855665	15406173
医药制造业	125	76	38	45520	650.45	7320639	1065641	12416680
化学纤维制造业与橡胶和塑料制品业	312	108	35	36978	375.51	4363064	155459	5058884
非金属矿物制品业	369	62	20	30955	459.92	4955189	305124	6321702
黑色金属冶炼和压延加工业	329	49	15	59632	3313.07	34852988	638704	15192334
有色金属冶炼和压延加工业	120	22	9	12565	663.40	9335535	−80418	8478787
金属制品业	651	150	36	62229	1123.86	12316815	400160	8256567
通用设备制造业	486	198	43	60767	837.42	8855010	618689	9274672
专用设备制造业	365	172	61	50754	608.81	6938371	468480	11888498
汽车制造业	370	104	45	102981	2184.04	22753507	1802863	18545609
铁路、船舶、航空航天和其他运输设备制造业	307	79	17	49280	650.82	6920148	206341	6534044
电气机械和器材制造业	334	120	47	61264	1152.84	13089031	472343	13502834
计算机、通信和其他电子设备制造业	259	121	44	96555	2019.29	20735088	1283353	19383616
仪器仪表制造业	96	55	16	11510	113.41	1270136	128519	1539944
其他制造业	30	5	0	2549	16.51	166251	6789	131094
废弃资源综合利用业	47	9	0	2575	118.08	1372608	30478	797245
金属制品、机械和设备修理业	27	8	1	7102	34.43	347343	2610	430197
电力、热力、燃气及水生产和供应业	**243**	**22**	**4**	**41548**	**1473.90**	**15692777**	**164676**	**33265335**
电力、热力生产和供应业	138	10	1	26767	935.23	9852531	−323628	23049915
燃气生产和供应业	45	2	1	7224	442.10	4642431	336484	4610688
水的生产和供应业	60	10	2	7557	96.57	1197815	151820	5604733
五、按企业控股情况分								
国有控股	486	218	106	196952	5692.43	61045746	1982666	87451868
集体控股	51	20	10	12070	96.52	1021000	31000	887047
私人控股	4110	1197	346	444538	8242.33	91543132	2816563	76926881
港澳台商控股	178	64	19	61800	1979.45	19840092	5923368	23985033
外商控股	824	145	55	235193	5122.64	55540134	4323929	43697910
其他	10	5	1	5025	36.87	1144656	87226	1264917

表 3-3 规模以上工业企业

项 目	R&D 人员合计（人）	# 女性	# 研究人员	按工作性质分	
				项目研究开发人员	管理和服务人员
合计	**77928**	**19505**	**26899**	**72161**	**5767**
一、按企业规模分					
大型	30014	7185	11436	27790	2224
中型	20654	5696	7117	19238	1416
小型	26662	6476	8159	24587	2075
微型	598	148	187	546	52
二、按隶属关系分					
中央	7806	1864	4039	7114	692
地方	10169	3133	4099	9020	1149
其他	59953	14508	18761	56027	3926
三、按登记注册类型分					
内资企业	**59807**	**14803**	**21185**	**55248**	**4559**
国有企业	987	213	495	884	103
集体企业	51	15	6	48	3
股份合作企业和联营企业	85	21	27	76	9
有限责任公司	24982	6073	10291	23352	1630
股份有限公司	10757	3311	4645	9598	1159
私营企业及其他企业	22945	5170	5721	21290	1655
港、澳、台商投资企业	**5573**	**1477**	**1721**	**5325**	**248**
合资经营企业（港或澳、台资）	2002	799	590	1909	93
港、澳、台商独资经营企业	3214	591	1005	3070	144
港、澳、台商投资股份有限公司	319	76	121	309	10
合作经营企业（港或澳、台资）和其他港、澳、台投资企业	38	11	5	37	1
外商投资企业	**12548**	**3225**	**3993**	**11588**	**960**
中外合资经营企业	2693	789	962	2418	275
中外合作经营企业	18	2	6	16	2
外资企业	9043	2182	2755	8438	605
外商投资股份有限公司	650	218	237	577	73
其他外商投资企业	144	34	33	139	5
四、按国民经济行业分					
采矿业	**4822**	**1041**	**2446**	**4498**	**324**
煤炭开采和洗选业	14	0	4	14	0
石油和天然气开采业	1245	304	706	1160	85
黑色金属矿采选业和非金属矿采选业	441	123	185	421	20
开采专业及辅助性活动	3122	614	1551	2903	219
制造业	**72363**	**18235**	**24056**	**66964**	**5399**
农副食品加工业	662	161	213	628	34
食品制造业	1218	485	302	1116	102
酒、饮料和精制茶制造业	381	160	128	334	47

R&D 人员情况（2021 年）

按工作量分		R&D 人员折合全时当量（人年）	# 研究人员	按活动类型分		
全时人员	非全时人员			基础研究人员	应用研究人员	试验发展人员
54582	**23346**	**49404**	**17343**	**68**	**1404**	**47931**
20089	9925	17707	7054	25	730	16952
14816	5838	13822	4770	2	318	13503
19240	7422	17503	5396	42	350	17111
437	161	372	122	0	6	366
4555	3251	3721	1953	15	288	3418
6890	3279	6987	2862	16	295	6676
43137	16816	38696	12528	38	822	37837
41444	**18363**	**38513**	**13905**	**62**	**1242**	**37209**
775	212	467	244	20	0	447
40	11	48	6	0	0	48
70	15	76	23	0	0	76
16537	8445	16472	6858	41	843	15588
8226	2531	6882	2963	0	135	6747
15796	7149	14569	3811	2	264	14304
3875	**1698**	**3903**	**1167**	**6**	**38**	**3859**
1357	645	1373	380	6	38	1329
2238	976	2232	681	0	0	2232
248	71	282	102	0	0	282
32	6	17	4	0	0	17
9263	**3285**	**6987**	**2271**	**0**	**124**	**6863**
1715	978	1600	546	0	16	1584
16	2	11	4	0	0	11
6983	2060	4959	1563	0	96	4862
425	225	296	130	0	12	284
124	20	122	28	0	0	122
2103	**2719**	**2050**	**1044**	**4**	**59**	**1986**
12	2	12	3	0	0	12
867	378	770	438	0	40	731
140	301	343	143	0	0	343
1084	2038	924	460	4	20	900
52004	**20359**	**46979**	**16100**	**57**	**1304**	**45619**
451	211	440	158	0	0	440
707	511	731	185	0	27	704
136	245	172	51	0	0	172

项　目	R&D 人员合计（人）	# 女性	# 研究人员	按工作性质分	
				项目研究开发人员	管理和服务人员
烟草制造业与纺织业	566	206	73	535	31
纺织服装、服饰业	18	16	7	16	2
皮革、毛皮、羽毛及其制品和制鞋业	255	143	9	242	13
木材加工和木、竹、藤、棕、草制品业	26	5	8	25	1
家具制造业	1136	385	210	1015	121
造纸和纸制品业	876	165	171	825	51
印刷和记录媒介复制业	664	206	147	601	63
文教、工美、体育和娱乐用品制造业	668	197	145	638	30
石油、煤炭及其他燃料加工业	572	253	262	484	88
化学原料和化学制品制造业	4360	1154	1654	4123	237
医药制造业	6949	3142	3542	6128	821
化学纤维制造业与橡胶和塑料制品业	2694	667	620	2455	239
非金属矿物制品业	2138	365	579	1987	151
黑色金属冶炼和压延加工业	4249	465	973	3957	292
有色金属冶炼和压延加工业	959	180	224	917	42
金属制品业	4900	870	873	4550	350
通用设备制造业	4914	978	1757	4560	354
专用设备制造业	6394	1411	2505	5856	538
汽车制造业	4192	718	1226	3784	408
铁路、船舶、航空航天和其他运输设备制造业	4332	1050	1346	4010	322
电气机械和器材制造业	4381	1061	1609	4047	334
计算机、通信和其他电子设备制造业	12606	3364	4631	12025	581
仪器仪表制造业	1583	363	677	1482	101
其他制造业	64	7	13	62	2
废弃资源综合利用业	147	40	44	128	19
金属制品、机械和设备修理业	459	18	108	434	25
电力、热力、燃气及水生产和供应业	**743**	**229**	**397**	**699**	**44**
电力、热力生产和供应业	484	164	268	455	29
燃气生产和供应业	26	3	9	25	1
水的生产和供应业	233	62	120	219	14
五、按企业控股情况分					
国有控股	17944	4597	8422	16595	1349
集体控股	771	154	185	727	44
私人控股	40969	10097	11909	37720	3249
港澳台商控股	4297	879	1369	4095	202
外商控股	13397	3526	4790	12500	897
其他	550	252	224	524	26

续表

按工作量分		R&D 人员折合全时当量（人年）	# 研究人员	按活动类型分		
全时人员	非全时人员			基础研究人员	应用研究人员	试验发展人员
249	317	391	33	0	8	384
9	9	11	5	0	0	11
92	163	121	4	0	0	121
23	3	18	6	0	0	18
829	307	467	90	0	34	433
738	138	604	125	0	0	604
442	222	493	117	0	27	466
524	144	521	108	0	0	521
227	345	136	53	0	0	136
3238	1122	3364	1297	4	85	3275
5781	1168	5426	2831	12	35	5378
1884	810	1877	442	0	11	1867
1537	601	1394	375	0	8	1385
2082	2167	2289	602	6	410	1874
617	342	631	156	0	16	615
3124	1776	3356	588	0	56	3301
3820	1094	3055	1066	0	94	2961
4854	1540	4206	1666	20	165	4022
3147	1045	2915	849	0	6	2909
2861	1471	2830	932	15	36	2779
3304	1077	2956	1048	0	104	2851
9891	2715	6905	2701	0	159	6746
1186	397	1121	484	0	24	1097
53	11	53	10	0	0	53
114	33	104	30	0	0	104
84	375	390	87	0	0	390
475	**268**	**375**	**198**	**8**	**41**	**327**
360	124	271	149	2	32	237
23	3	19	7	0	0	19
92	141	85	42	6	8	71
11390	6554	9991	4679	55	409	9528
364	407	649	151	0	0	649
28846	12123	27094	8234	14	837	26243
3150	1147	3061	961	0	9	3052
10379	3018	8274	3184	0	96	8178
453	97	335	134	0	53	282

表 3-4 规模以上工业企业

项 目	R&D 经费内部支出	按活动类型分		
		基础研究	应用研究	试验发展
合计	**2512635**	**15070**	**57098**	**2440467**
一、按企业规模分				
大型	1100070	14131	35520	1050419
中型	683126	0	9824	673302
小型	711861	935	11633	699293
微型	17578	4	121	17453
二、按隶属关系分				
中央	242412	705	10811	230896
地方	509795	168	12671	496956
其他	1760427	14197	33616	1712615
三、按登记注册类型分				
内资企业	**1876234**	**14950**	**52513**	**1808771**
国有企业	23039	468	0	22571
集体企业	665	0	0	665
股份合作企业和联营企业	898	0	0	898
有限责任公司	739611	14336	32267	693009
股份有限公司	415047	0	10393	404654
私营企业及其他企业	696975	146	9854	686975
港、澳、台商投资企业	**157241**	**44**	**727**	**156470**
合资经营企业（港或澳、台资）	42382	44	727	41611
港、澳、台商独资经营企业	103149	0	0	103149
港、澳、台商投资股份有限公司	11322	0	0	11322
合作经营企业（港或澳、台资）和其他港、澳、台投资企业	389	0	0	389
外商投资企业	**479160**	**76**	**3858**	**475225**
中外合资经营企业	139072	76	416	138579
中外合作经营企业	318	0	0	318
外资企业	281738	0	3069	278669
外商投资股份有限公司	54353	0	373	53980
其他外商投资企业	3679	0	0	3679
四、按国民经济行业分				
采矿业	**138256**	**71**	**3967**	**134218**
煤炭开采和洗选业	91	0	0	91
石油和天然气开采业	45356	0	3116	42240
黑色金属矿采选业和非金属矿采选业	14999	0	0	14999
开采专业及辅助性活动	77809	71	851	76887
制造业	**2358034**	**14946**	**52226**	**2290862**
农副食品加工业	20692	0	0	20692
食品制造业	21613	0	413	21200

R&D 经费情况（2021 年）

单位：万元

按支出用途分				
经常费支出	#人员劳务费	资产性支出	土地与建筑物	仪器和设备
2373177	**807692**	**139458**	**2734**	**136725**
1046870	321045	53200	725	52475
634060	234747	49066	957	48109
674959	247691	36902	1051	35851
17289	4210	290	0	289
227348	63505	15064	129	14935
487980	121867	21815	144	21671
1657848	622320	102579	2461	100119
1768229	**577860**	**108005**	**2339**	**105666**
21631	10329	1408	2	1406
665	265	0	0	0
898	455	0	0	0
701033	216866	38578	244	38334
380637	158793	34409	399	34010
663364	191153	33611	1695	31916
150842	**67137**	**6399**	**56**	**6343**
41056	18566	1325	12	1313
98075	42345	5074	43	5030
11322	5923	0	0	0
389	304	0	0	0
454105	**162696**	**25055**	**339**	**24716**
130665	31215	8407	45	8361
305	84	12	0	12
272155	119620	9583	182	9401
47350	10419	7003	111	6892
3630	1357	49	0	49
133418	**33900**	**4838**	**121**	**4717**
91	55	0	0	0
45333	26128	23	0	23
14645	4691	354	0	354
73348	3027	4461	121	4340
2224125	**770141**	**133910**	**2612**	**131298**
20136	7524	556	21	535
21486	8355	127	4	123

项　目	R&D经费内部支出	按活动类型分		
		基础研究	应用研究	试验发展
酒、饮料和精制茶制造业	6033	0	0	6033
烟草制造业与纺织业	7790	0	324	7467
纺织服装、服饰业	351	0	0	351
皮革、毛皮、羽毛及其制品和制鞋业	1829	0	0	1829
木材加工和木、竹、藤、棕、草制品业	1100	0	0	1100
家具制造业	10886	0	830	10056
造纸和纸制品业	41554	0	0	41554
印刷和记录媒介复制业	13940	0	526	13415
文教、工美、体育和娱乐用品制造业	8383	1	0	8382
石油、煤炭及其他燃料加工业	18749	0	0	18749
化学原料和化学制品制造业	175080	88	1271	173721
医药制造业	233135	13372	1375	218388
化学纤维制造业与橡胶和塑料制品业	80091	0	1893	78197
非金属矿物制品业	73408	0	133	73275
黑色金属冶炼和压延加工业	263169	113	19843	243213
有色金属冶炼和压延加工业	36120	0	817	35303
金属制品业	172336	0	3174	169162
通用设备制造业	147541	4	2424	145113
专用设备制造业	178674	468	3835	174371
汽车制造业	116273	0	97	116176
铁路、船舶、航空航天和其他运输设备制造业	120667	695	788	119184
电气机械和器材制造业	139765	63	3729	135973
计算机、通信和其他电子设备制造业	426379	0	10528	415852
仪器仪表制造业	33096	142	227	32727
其他制造业	1050	0	0	1050
废弃资源综合利用业	2196	0	0	2196
金属制品、机械和设备修理业	6133	0	0	6133
电力、热力、燃气及水生产和供应业	**16345**	**54**	**904**	**15387**
电力、热力生产和供应业	12213	10	405	11798
燃气生产和供应业	886	0	0	886
水的生产和供应业	3246	44	499	2703
五、按企业控股情况分				
国有控股	622085	1552	16570	603964
集体控股	16526	0	0	16526
私人控股	1259038	339	34387	1224312
港澳台商控股	132845	0	66	132778
外商控股	461892	13179	3069	445644
其他	20249	0	3006	17243

续表

按支出用途分				
经常费支出	# 人员劳务费	资产性支出	土地与建筑物	仪器和设备
5528	2191	505	4	501
7648	2834	142	0	142
351	85	0	0	0
1816	823	14	0	14
1100	215	0	0	0
10729	6421	157	0	157
41406	9958	149	0	149
10750	5360	3191	0	3190
7689	3420	694	1	693
9591	1626	9158	4	9155
171640	56025	3440	133	3307
218200	70414	14936	91	14844
73726	23872	6365	50	6315
64745	19647	8663	6	8658
260089	32914	3081	39	3042
35767	5058	353	0	353
163070	39023	9266	11	9255
140989	52924	6551	47	6504
164883	76669	13791	529	13262
110950	48257	5323	819	4504
115361	42158	5306	778	4528
135164	49208	4601	49	4553
390364	179940	36016	23	35992
31664	18504	1432	4	1428
1050	469	0	0	0
2196	1674	0	0	0
6038	4571	94	0	94
15634	**3651**	**710**	**0**	**710**
11519	1264	694	0	694
886	406	0	0	0
3230	1982	16	0	16
588067	209010	34018	463	33555
16071	7248	455	0	455
1183824	364241	75214	1986	73228
127270	56696	5575	47	5528
438493	159406	23400	229	23171
19453	11092	796	8	788

表 3-4　规模以上工业企业

项　目	按资金来源分			
	政府资金	企业资金	境外资金	其他资金
合计	**27958**	**2452464**	**7947**	**24266**
一、按企业规模分				
大型	11614	1057673	7402	23381
中型	11653	671064	116	293
小型	4405	706448	430	579
微型	286	17279	0	13
二、按隶属关系分				
中央	10034	231984	0	394
地方	2924	506642	30	199
其他	15000	1713838	7917	23672
三、按登记注册类型分				
内资企业	**26476**	**1848887**	**157**	**713**
国有企业	943	21861	0	235
集体企业	0	665	0	0
股份合作企业和联营企业	10	888	0	0
有限责任公司	14794	724381	128	309
股份有限公司	8419	406521	30	77
私营企业及其他企业	2310	694572	0	93
港、澳、台商投资企业	**658**	**150826**	**5757**	**0**
合资经营企业（港或澳、台资）	414	41968	0	0
港、澳、台商独资经营企业	238	97153	5757	0
港、澳、台商投资股份有限公司	6	11316	0	0
合作经营企业（港或澳、台资）和其他港、澳、台投资企业	0	389	0	0
外商投资企业	**824**	**452751**	**2032**	**23552**
中外合资经营企业	156	138707	85	124
中外合作经营企业	0	318	0	0
外资企业	577	255787	1947	23428
外商投资股份有限公司	92	54261	0	0
其他外商投资企业	0	3679	0	0
四、按国民经济行业分				
采矿业	**961**	**137257**	**0**	**39**
煤炭开采和洗选业	0	91	0	0
石油和天然气开采业	245	45073	0	39
黑色金属矿采选业和非金属矿采选业	638	14361	0	0
开采专业及辅助性活动	77	77731	0	0
制造业	**26477**	**2299383**	**7947**	**24227**
农副食品加工业	62	20631	0	0
食品制造业	38	21575	0	0
酒、饮料和精制茶制造业	29	6004	0	0

R&D 经费情况（2021 年）（续）

单位：万元

R&D 经费外部支出	对境内研究机构支出	对境内高等学校支出	对境内企业支出	对境外支出
200645	**37013**	**9845**	**83202**	**70586**
156961	21892	7491	60970	66609
26577	11559	383	10933	3702
16995	3562	1971	11187	275
112	0	0	112	0
16974	8449	4269	4256	0
31016	17842	955	11815	404
152655	10722	4621	67131	70182
71612	**32382**	**7204**	**30296**	**1730**
4737	4219	0	286	232
0	0	0	0	0
0	0	0	0	0
24074	7799	4758	10263	1255
28642	17130	1606	9907	0
14159	3235	841	9841	243
15310	**4042**	**2502**	**6166**	**2600**
586	308	45	233	0
14725	3735	2457	5933	2600
0	0	0	0	0
0	0	0	0	0
113723	**589**	**139**	**46740**	**66255**
3674	589	59	2855	171
0	0	0	0	0
107815	0	0	41731	66084
2234	0	80	2154	0
0	0	0	0	0
12148	**460**	**2934**	**8753**	**0**
0	0	0	0	0
9255	166	2451	6637	0
741	280	4	457	0
2153	14	479	1659	0
180153	**32644**	**3474**	**73449**	**70586**
48	2	40	6	0
1078	1023	12	23	20
0	0	0	0	0

项　目	按资金来源分			
	政府资金	企业资金	境外资金	其他资金
烟草制造业与纺织业	0	7790	0	0
纺织服装、服饰业	0	351	0	0
皮革、毛皮、羽毛及其制品和制鞋业	0	1829	0	0
木材加工和木、竹、藤、棕、草制品业	0	1100	0	0
家具制造业	0	10886	0	0
造纸和纸制品业	0	41554	0	0
印刷和记录媒介复制业	0	13940	0	0
文教、工美、体育和娱乐用品制造业	0	8383	0	0
石油、煤炭及其他燃料加工业	0	18749	0	0
化学原料和化学制品制造业	335	174557	85	103
医药制造业	2106	231030	0	0
化学纤维制造业与橡胶和塑料制品业	361	79729	0	0
非金属矿物制品业	101	73307	0	0
黑色金属冶炼和压延加工业	90	263079	0	0
有色金属冶炼和压延加工业	274	35846	0	0
金属制品业	51	172161	0	124
通用设备制造业	2283	144992	61	205
专用设备制造业	5778	171134	1677	86
汽车制造业	1052	115042	146	34
铁路、船舶、航空航天和其他运输设备制造业	5126	115182	125	235
电气机械和器材制造业	4312	135407	46	0
计算机、通信和其他电子设备制造业	4037	393095	5807	23441
仪器仪表制造业	443	32653	0	0
其他制造业	0	1050	0	0
废弃资源综合利用业	0	2196	0	0
金属制品、机械和设备修理业	0	6133	0	0
电力、热力、燃气及水生产和供应业	**520**	**15825**	**0**	**0**
电力、热力生产和供应业	502	11711	0	0
燃气生产和供应业	0	886	0	0
水的生产和供应业	19	3227	0	0
五、按企业控股情况分				
国有控股	18565	602921	30	570
集体控股	85	16441	0	0
私人控股	8080	1250687	128	144
港澳台商控股	248	126839	5757	0
外商控股	594	435714	2032	23552
其他	386	19862	0	0

续表

R&D 经费外部支出	对境内研究机构支出	对境内高等学校支出	对境内企业支出	对境外支出
0	0	0	0	0
0	0	0	0	0
0	0	0	0	0
4	0	4	0	0
0	0	0	0	0
0	0	0	0	0
46	0	0	46	0
555	0	0	555	0
206	47	10	148	0
5900	4142	558	644	557
14296	2356	1024	10916	0
754	10	9	735	0
135	1	17	117	0
311	103	86	123	0
15	0	15	0	0
640	4	47	589	0
1549	111	414	984	40
3956	135	636	970	2215
36588	30	0	35303	1255
14491	6709	305	7317	159
2543	224	45	2274	0
94972	17083	175	11375	66340
1002	242	57	703	0
22	0	22	0	0
932	424	0	508	0
113	0	0	113	0
8345	**3908**	**3437**	**1000**	**0**
8329	3908	3422	1000	0
0	0	0	0	0
15	0	15	0	0
41119	25711	4687	9233	1487
41	2	28	10	0
25071	6465	2131	16232	243
15152	4042	2457	6053	2600
113751	0	0	47495	66255
5511	793	541	4178	0

表 3-5　规模以上工业企业办科技机构情况（2021 年）

项　目	机构数（个）	机构人员 合计（人）	# 博士毕业	# 硕士毕业	机构经费支出（万元）	仪器和设备原价（万元）
合计	**639**	**41949**	**660**	**7311**	**1607877**	**1225040**
一、按企业规模分						
大型	61	17027	288	4157	728832	467906
中型	198	13891	210	1947	539004	460906
小型	373	10998	162	1202	339187	294598
微型	7	33	0	5	855	1630
二、按隶属关系分						
中央	32	4543	87	1747	119654	155747
地方	93	7338	134	1128	348890	209235
其他	514	30068	439	4436	1139333	860059
三、按登记注册类型分						
内资企业	**521**	**31343**	**520**	**5491**	**1155616**	**986159**
国有企业	8	524	7	183	12754	23182
集体企业	0	0	0	0	0	0
股份合作企业和联营企业	2	90	0	1	803	173
有限责任公司	203	12351	221	2271	439290	418469
股份有限公司	79	9326	177	2212	383210	276824
私营企业及其他企业	229	9052	115	824	319559	267512
港、澳、台商投资企业	**34**	**3197**	**81**	**954**	**91906**	**67056**
合资经营企业（港或澳、台资）	19	1157	37	136	32622	24530
港、澳、台商独资经营企业	11	1993	42	813	57782	39806
港、澳、台商投资股份有限公司	2	27	2	4	1154	2352
合作经营企业(港或澳、台资)和其他港、澳、台投资企业	2	20	0	1	348	368
外商投资企业	**84**	**7409**	**59**	**866**	**360356**	**171825**
中外合资经营企业	33	1554	19	185	44702	38701
中外合作经营企业	0	0	0	0	0	0
外资企业	42	5240	20	562	252700	96426
外商投资股份有限公司	7	404	19	117	53692	23962
其他外商投资企业	2	211	1	2	9263	12736
四、按国民经济行业分						
采矿业	**8**	**2570**	**72**	**1133**	**52844**	**55789**
煤炭开采和洗选业	0	0	0	0	0	0
石油和天然气开采业	4	1975	58	1033	31172	23472
黑色金属矿采选业和非金属矿采选业	3	146	0	31	5260	7198
开采专业及辅助性活动	1	449	14	69	16412	25118
制造业	**626**	**38979**	**573**	**6071**	**1537621**	**1148787**
农副食品加工业	7	279	5	45	5509	4544
食品制造业	16	600	14	44	14022	11399

续表

项 目	机构数（个）	机构人员合计（人）	# 博士毕业	# 硕士毕业	机构经费支出（万元）	仪器和设备原价（万元）
酒、饮料和精制茶制造业	6	222	11	34	2664	8450
烟草制造业与纺织业	2	36	0	2	1931	1983
纺织服装、服饰业	0	0	0	0	0	0
皮革、毛皮、羽毛及其制品和制鞋业	1	17	0	0	647	288
木材加工和木、竹、藤、棕、草制品业	0	0	0	0	0	0
家具制造业	2	536	0	0	8244	4040
造纸和纸制品业	6	567	1	8	36622	11318
印刷和记录媒介复制业	3	209	0	6	3708	12695
文教、工美、体育和娱乐用品制造业	8	354	1	10	6452	3683
石油、煤炭及其他燃料加工业	7	755	4	394	12384	20764
化学原料和化学制品制造业	63	2585	55	420	102554	60693
医药制造业	51	3196	140	815	120874	84212
化学纤维制造业与橡胶和塑料制品业	38	1604	9	58	45653	74755
非金属矿物制品业	21	1026	8	58	31652	29132
黑色金属冶炼和压延加工业	19	2202	48	147	83270	121278
有色金属冶炼和压延加工业	13	510	8	59	21470	16798
金属制品业	39	2412	30	94	119383	120610
通用设备制造业	51	1960	10	188	65891	63252
专用设备制造业	83	3542	38	524	111636	112590
汽车制造业	48	1956	19	105	56212	58470
铁路、船舶、航空航天和其他运输设备制造业	21	1446	7	542	64107	64745
电气机械和器材制造业	52	3706	62	799	138360	79066
计算机、通信和其他电子设备制造业	50	8380	73	1623	465903	163921
仪器仪表制造业	18	860	30	88	17579	19608
其他制造业	0	0	0	0	0	0
废弃资源综合利用业	0	0	0	0	0	0
金属制品、机械和设备修理业	1	19	0	8	894	495
电力、热力、燃气及水生产和供应业	**5**	**400**	**15**	**107**	**17412**	**20465**
电力、热力生产和供应业	1	209	14	86	9355	10600
燃气生产和供应业	2	162	0	13	6922	8262
水的生产和供应业	2	29	1	8	1135	1603
五、按企业控股情况分						
国有控股	133	11896	188	3365	446535	441196
集体控股	11	364	6	19	12256	4630
私人控股	412	20588	389	2380	744717	585572
港澳台商控股	22	2488	46	851	71131	52279
外商控股	60	6364	29	650	320523	136198
其他	1	249	2	46	12715	5166

表 3-6　规模以上工业企业自主知识产权及相关情况（2021 年）

项　目	专利申请数（件）	# 发明专利	有效发明专利数（件）	发表科技论文数（篇）	拥有注册商标数（件）	形成国家或行业标准数（项）
合计	**18952**	**5928**	**26326**	**2227**	**13435**	**455**
一、按企业规模分						
大型	3178	1684	5914	1231	1570	146
中型	4070	1501	5683	497	4318	150
小型	11061	2689	13932	473	7447	158
微型	643	54	797	26	100	1
二、按隶属关系分						
中央	1872	1193	3230	838	159	101
地方	1654	520	3719	517	2921	61
其他	15426	4215	19377	872	10355	293
三、按登记注册类型分						
内资企业	**16360**	**5130**	**21819**	**1896**	**11596**	**381**
国有企业	253	102	318	97	4	7
集体企业	20	0	0	0	0	0
股份合作企业和联营企业	18	0	40	0	3	0
有限责任公司	5771	2240	7213	1136	2937	147
股份有限公司	1956	846	4792	488	2816	100
私营企业及其他企业	8342	1942	9456	175	5836	127
港、澳、台商投资企业	**864**	**235**	**1223**	**264**	**509**	**49**
合资经营企业（港或澳、台资）	316	91	607	33	221	44
港、澳、台商独资经营企业	460	114	512	222	42	4
港、澳、台商投资股份有限公司	75	29	97	1	217	1
合作经营企业（港或澳、台资）和其他港、澳、台投资企业	13	1	7	8	29	0
外商投资企业	**1728**	**563**	**3284**	**67**	**1330**	**25**
中外合资经营企业	721	247	1186	26	569	7
中外合作经营企业	17	0	42	0	0	0
外资企业	847	243	1740	25	567	15
外商投资股份有限公司	114	62	290	16	194	3
其他外商投资企业	29	11	26	0	0	0
四、按国民经济行业分						
采矿业	**533**	**377**	**955**	**647**	**97**	**64**
煤炭开采和洗选业	19	1	20	0	0	0
石油和天然气开采业	282	190	475	370	0	61
黑色金属矿采选业和非金属矿采选业	38	17	29	26	91	0
开采专业及辅助性活动	194	169	431	251	6	3
制造业	**17313**	**5026**	**24244**	**1356**	**13333**	**376**
农副食品加工业	244	30	387	4	341	16
食品制造业	163	38	470	18	1284	2

续表

项　目	专利申请数（件）	# 发明专利	有效发明专利数（件）	发表科技论文数（篇）	拥有注册商标数（件）	形成国家或行业标准数（项）
酒、饮料和精制茶制造业	32	11	94	4	509	3
烟草制造业与纺织业	66	7	149	2	7	0
纺织服装、服饰业	18	0	61	0	0	0
皮革、毛皮、羽毛及其制品和制鞋业	26	1	92	0	35	0
木材加工和木、竹、藤、棕、草制品业	19	1	75	0	4	0
家具制造业	139	13	112	0	24	0
造纸和纸制品业	232	28	157	0	22	2
印刷和记录媒介复制业	222	23	101	4	31	3
文教、工美、体育和娱乐用品制造业	164	24	112	0	297	1
石油、煤炭及其他燃料加工业	123	68	230	47	39	0
化学原料和化学制品制造业	940	345	1473	127	2148	15
医药制造业	621	255	2206	235	2092	33
化学纤维制造业与橡胶和塑料制品业	846	121	1202	13	378	9
非金属矿物制品业	685	142	697	22	278	20
黑色金属冶炼和压延加工业	497	119	563	134	351	22
有色金属冶炼和压延加工业	189	36	212	29	60	9
金属制品业	1206	210	1453	4	382	16
通用设备制造业	1897	501	2377	119	1451	31
专用设备制造业	2149	573	3648	166	1316	27
汽车制造业	1015	166	1230	11	102	9
铁路、船舶、航空航天和其他运输设备制造业	1110	245	1469	145	313	14
电气机械和器材制造业	1594	469	2021	149	484	40
计算机、通信和其他电子设备制造业	2309	1414	2978	88	952	64
仪器仪表制造业	581	168	531	34	336	39
其他制造业	94	2	105	0	91	1
废弃资源综合利用业	56	3	15	0	5	0
金属制品、机械和设备修理业	76	13	24	1	1	0
电力、热力、燃气及水生产和供应业	**1106**	**525**	**1127**	**224**	**5**	**15**
电力、热力生产和供应业	990	515	1071	205	0	15
燃气生产和供应业	59	5	10	7	0	0
水的生产和供应业	57	5	46	12	5	0
五、按企业控股情况分						
国有控股	4125	2108	6140	1308	2198	180
集体控股	174	32	236	9	118	3
私人控股	12718	3230	16187	585	9611	246
港澳台商控股	621	178	913	236	309	10
外商控股	1205	336	2556	49	791	15
其他	109	44	294	40	408	1

表 3-7　规模以上工业企业新产品开发、生产及销售情况（2021 年）

项　目	新产品开发项目数（项）	新产品开发经费支出（万元）	新产品销售收入（万元）	#出口
合计	**16501**	**2880824**	**48140869**	**7661020**
一、按企业规模分				
大型	2364	1094344	26408261	5495027
中型	3808	826086	12039906	1466382
小型	9837	930404	9425496	689556
微型	492	29990	267207	10055
二、按隶属关系分				
中央	889	306639	2783429	90093
地方	2329	570766	8371345	786122
其他	13283	2003418	36986096	6784805
三、按登记注册类型分				
内资企业	**13900**	**2226861**	**31359074**	**2162206**
国有企业	197	23098	140249	346
集体企业	14	1189	15882	0
股份合作企业和联营企业	24	1080	15435	0
有限责任公司	4556	829528	13430555	652047
股份有限公司	2135	534593	5828670	555111
私营企业及其他企业	6974	837373	11928284	954702
港、澳、台商投资企业	**917**	**175005**	**2494401**	**788739**
合资经营企业（港或澳、台资）	509	64076	914177	227656
港、澳、台商独资经营企业	380	105189	1307627	560769
港、澳、台商投资股份有限公司	20	5363	267241	0
合作经营企业（港或澳、台资）和其他港、澳、台投资企业	8	377	5357	314
外商投资企业	**1684**	**478958**	**14287394**	**4710076**
中外合资经营企业	595	164526	9446545	2211415
中外合作经营企业	5	318	0	0
外资企业	969	251061	4515146	2434815
外商投资股份有限公司	96	54018	93869	51896
其他外商投资企业	19	9035	231834	11951
四、按国民经济行业分				
采矿业	**317**	**73534**	**1783988**	**1574**
煤炭开采和洗选业	0	0	0	0
石油和天然气开采业	68	29670	0	0
黑色金属矿采选业和非金属矿采选业	80	13782	187928	1574
开采专业及辅助性活动	169	30082	1596060	0
制造业	**16034**	**2794684**	**46151802**	**7659446**
农副食品加工业	207	25300	337031	3900

续表

项　目	新产品开发项目数（项）	新产品开发经费支出（万元）	新产品销售收入（万元）	# 出口
食品制造业	310	26070	244222	61079
酒、饮料和精制茶制造业	112	7346	133093	1352
烟草制造业与纺织业	76	8542	135168	42894
纺织服装、服饰业	12	1013	14804	0
皮革、毛皮、羽毛及其制品和制鞋业	28	2635	50403	38799
木材加工和木、竹、藤、棕、草制品业	14	1461	22272	0
家具制造业	154	12628	221243	22601
造纸和纸制品业	178	45485	285421	20954
印刷和记录媒介复制业	121	21385	176132	7
文教、工美、体育和娱乐用品制造业	95	10754	118455	55681
石油、煤炭及其他燃料加工业	136	139179	328139	0
化学原料和化学制品制造业	950	150219	2897727	187987
医药制造业	1105	246516	2308060	663868
化学纤维制造业与橡胶和塑料制品业	725	87605	1022481	24367
非金属矿物制品业	430	80744	1009840	54221
黑色金属冶炼和压延加工业	688	306425	6364826	273817
有色金属冶炼和压延加工业	179	54812	557061	40287
金属制品业	1240	195662	2418427	281881
通用设备制造业	1724	178797	1834812	165964
专用设备制造业	1862	232133	2444404	294511
汽车制造业	1069	140358	7625626	90644
铁路、船舶、航空航天和其他运输设备制造业	1067	154765	2595907	375654
电气机械和器材制造业	1296	198631	3382569	341803
计算机、通信和其他电子设备制造业	1447	407689	9249368	4597168
仪器仪表制造业	645	47107	297966	14978
其他制造业	65	3092	19309	2059
废弃资源综合利用业	50	3733	19546	0
金属制品、机械和设备修理业	49	4601	37491	2973
电力、热力、燃气及水生产和供应业	**150**	**12607**	**205080**	**0**
电力、热力生产和供应业	109	9114	6933	0
燃气生产和供应业	20	2185	188742	0
水的生产和供应业	21	1308	9405	0
五、按企业业控股情况分				
国有控股	3136	741858	14725324	306196
集体控股	93	23459	345132	13324
私人控股	11139	1510317	22953369	1961692
港澳台商控股	626	133808	2028777	593964
外商控股	1362	454811	7858498	4785845
其他	145	16571	229770	0

表 3-8　规模以上工业企业政府相关政策落实情况（2021 年）

单位：万元

项　目	来自政府部门的研发资金	研究开发费用加计扣除减免税	高新技术企业减免税
合计	**1699661**	**281543**	**305212**
一、按企业规模分			
大型	673464	140769	140291
中型	460711	69790	90871
小型	552913	69919	73126
微型	12573	1065	924
二、按隶属关系分			
中央	128062	15831	5749
地方	333676	69013	92754
其他	1237922	196699	206709
三、按登记注册类型分			
内资企业	**1202155**	**176293**	**183618**
国有企业	16771	1576	1403
集体企业	7	0	0
股份合作企业和联营企业	1006	52	0
有限责任公司	469360	75744	78083
股份有限公司	258353	37848	41743
私营企业及其他企业	456658	61072	62389
港、澳、台商投资企业	**165039**	**26220**	**48270**
合资经营企业（港或澳、台资）	39234	4562	4807
港、澳、台商独资经营企业	116042	20298	29630
港、澳、台商投资股份有限公司	9143	1308	13760
合作经营企业（港或澳、台资）和其他港、澳、台投资企业	620	52	73
外商投资企业	**332466**	**79030**	**73324**
中外合资经营企业	111274	34010	16355
中外合作经营企业	307	230	0
外资企业	175427	33321	54812
外商投资股份有限公司	36195	4539	1790
其他外商投资企业	9263	6931	367
四、按国民经济行业分			
采矿业	**109280**	**15481**	**393**
煤炭开采和洗选业	375	281	384
石油和天然气开采业	70065	10959	0
黑色金属矿采选业和非金属矿采选业	7203	683	9
开采专业及辅助性活动	31637	3558	0
制造业	**1559967**	**261512**	**301460**
农副食品加工业	16745	1864	6552
食品制造业	9945	1585	842

续表

项　目	来自政府部门的研发资金	研究开发费用加计扣除减免税	高新技术企业减免税
酒、饮料和精制茶制造业	2977	197	0
烟草制造业与纺织业	1773	476	1073
纺织服装、服饰业	44	4	220
皮革、毛皮、羽毛及其制品和制鞋业	2791	153	73
木材加工和木、竹、藤、棕、草制品业	382	20	8
家具制造业	4907	689	1352
造纸和纸制品业	13978	3896	8520
印刷和记录媒介复制业	9932	1228	1174
文教、工美、体育和娱乐用品制造业	7520	1157	307
石油、煤炭及其他燃料加工业	5935	1152	209
化学原料和化学制品制造业	88313	11657	29960
医药制造业	176599	56872	32659
化学纤维制造业与橡胶和塑料制品业	54167	5659	8401
非金属矿物制品业	49622	8469	17972
黑色金属冶炼和压延加工业	48757	6842	39023
有色金属冶炼和压延加工业	37038	5285	660
金属制品业	65720	8798	6744
通用设备制造业	106631	15204	24781
专用设备制造业	139051	21715	15538
汽车制造业	118242	20710	21789
铁路、船舶、航空航天和其他运输设备制造业	108544	13773	9546
电气机械和器材制造业	131197	24328	20585
计算机、通信和其他电子设备制造业	316173	44772	42724
仪器仪表制造业	36711	4176	9384
其他制造业	1400	120	275
废弃资源综合利用业	2396	223	696
金属制品、机械和设备修理业	2482	491	394
电力、热力、燃气及水生产和供应业	**30414**	**4549**	**3359**
电力、热力生产和供应业	21278	3582	2287
燃气生产和供应业	7385	669	741
水的生产和供应业	1750	299	332
五、按企业控股情况分			
国有控股	404975	53549	37757
集体控股	14335	7795	1771
私人控股	813826	111160	146663
港澳台商控股	140760	23497	45848
外商控股	307032	83648	68249
其他	18734	1894	4925

表 3-9　规模以上工业企业技术获取和技术改造情况（2021 年）

单位：万元

项　目	技术改造经费支出	购买境内技术经费支出	引进境外技术经费支出	引进境外技术的消化吸收经费支出
合计	**363723**	**29509**	**42189**	**3**
一、按企业规模分				
大型	278062	21371	27414	0
中型	53835	4493	11146	0
小型	31751	3615	3628	3
微型	75	30	0	0
二、按隶属关系分				
中央	106726	200	724	0
地方	100042	16980	11128	0
其他	156956	12329	30337	3
三、按登记注册类型分				
内资企业	**352197**	**27433**	**724**	**0**
国有企业	387	0	0	0
集体企业	0	0	0	0
股份合作企业和联营企业	465	0	0	0
有限责任公司	222019	20548	724	0
股份有限公司	116482	5755	0	0
私营企业及其他企业	12845	1131	0	0
港、澳、台商投资企业	**9265**	**1587**	**3136**	**0**
合资经营企业（港或澳、台资）	864	0	0	0
港、澳、台商独资经营企业	3731	0	52	0
港、澳、台商投资股份有限公司	0	0	0	0
合作经营企业（港或澳、台资）和其他港、澳、台投资企业	4671	1587	3084	0
外商投资企业	**2261**	**490**	**38329**	**3**
中外合资经营企业	1375	0	18751	0
中外合作经营企业	0	0	0	0
外资企业	887	182	19559	3
外商投资股份有限公司	0	308	18	0
其他外商投资企业	0	0	0	0
四、按国民经济行业分				
采矿业	**985**	**0**	**0**	**0**
煤炭开采和洗选业	0	0	0	0
石油和天然气开采业	0	0	0	0
黑色金属矿采选业和非金属矿采选业	972	0	0	0
开采专业及辅助性活动	13	0	0	0
制造业	**321155**	**27923**	**39105**	**3**
农副食品加工业	1601	0	190	0

续表

项　目	技术改造经费支出	购买境内技术经费支出	引进境外技术经费支出	引进境外技术的消化吸收经费支出
食品制造业	231	0	20	0
酒、饮料和精制茶制造业	1004	182	282	3
烟草制造业与纺织业	4	0	0	0
纺织服装、服饰业	0	0	0	0
皮革、毛皮、羽毛及其制品和制鞋业	0	0	0	0
木材加工和木、竹、藤、棕、草制品业	0	0	0	0
家具制造业	190	0	0	0
造纸和纸制品业	684	0	0	0
印刷和记录媒介复制业	575	0	0	0
文教、工美、体育和娱乐用品制造业	107	8	0	0
石油、煤炭及其他燃料加工业	87561	0	0	0
化学原料和化学制品制造业	6407	777	0	0
医药制造业	15613	6030	0	0
化学纤维制造业与橡胶和塑料制品业	1892	0	0	0
非金属矿物制品业	2876	1876	0	0
黑色金属冶炼和压延加工业	177576	18390	0	0
有色金属冶炼和压延加工业	44	44	0	0
金属制品业	2770	0	0	0
通用设备制造业	1126	0	19067	0
专用设备制造业	813	415	70	0
汽车制造业	1537	0	7623	0
铁路、船舶、航空航天和其他运输设备制造业	4945	200	724	0
电气机械和器材制造业	5219	0	11128	0
计算机、通信和其他电子设备制造业	7266	0	0	0
仪器仪表制造业	845	0	0	0
其他制造业	0	0	0	0
废弃资源综合利用业	213	0	0	0
金属制品、机械和设备修理业	56	0	0	0
电力、热力、燃气及水生产和供应业	**41584**	**1587**	**3084**	**0**
电力、热力生产和供应业	35369	1587	3084	0
燃气生产和供应业	6196	0	0	0
水的生产和供应业	19	0	0	0
五、按企业控股情况分				0
国有控股	152061	12154	724	0
集体控股	645	28	0	0
私人控股	200374	15559	18	0
港澳台商控股	8401	1587	3136	0
外商控股	2243	182	38311	3
其他	0	0	0	0

2022天津科技统计年鉴

第四部分

建筑业企业

表 4–1　建筑业企业基本情况（2021 年）

项　目	企业数（个）	# 有 R&D 活动	# 有研发机构	从业人员期末人数（人）	主营业务收入（万元）	利润总额（万元）	资产总计（万元）
合计	**362**	**79**	**48**	**129743**	**39830805**	**666326**	**67970207**
一、按企业规模分							
大型	65	43	36	91552	35586070	683358	58721375
中型	154	31	12	30309	3821319	40198	7900496
小型	121	4	0	6774	424499	−13608	1035689
微型	22	1	0	1108	−1083	−43623	312646
二、按隶属关系分							
中央	57	35	33	84014	30594111	544720	49552968
地方	59	17	9	16798	4473551	56669	9229498
其他	246	27	6	28931	4763143	64937	9187742
三、按登记注册类型分							
内资企业	358	78	48	129158	39756535	663722	67819312
港、澳、台商和外商投资企业	4	1	0	585	74270	2604	150895
四、按国民经济行业分							
房屋建筑业	87	18	11	40719	12753969	34439	19659325
土木工程建筑业	111	36	30	69829	23346404	565431	42773727
建筑安装业	92	16	6	14433	2400776	35022	2792706
建筑装饰、装修和其他建筑业	72	9	1	4762	1329658	31434	2744450
五、按企业控股情况分							
国有控股	112	54	40	99447	34313370	603007	58432297
集体控股	9	1	1	1787	569368	5292	925570
私人控股	236	22	7	27437	4575056	56708	7890043
港澳台商控股、外商控股和其他	5	2	0	1072	373011	1319	722297

注：本年鉴第四部分建筑业企业指辖区内有总承包或专业承包资质的建筑业法人单位。

表 4-2　建筑业企业 R&D

项　目	R&D 人员合计（人）	# 女性	# 研究人员	按工作性质分	
				项目研究开发人员	管理和服务人员
合计	**12087**	**1352**	**5207**	**11385**	**702**
一、按企业规模分					
大型	11159	1184	4827	10522	637
中型	879	152	369	819	60
小型	37	10	10	34	3
微型	12	6	1	10	2
二、按隶属关系分					
中央	10036	1014	4324	9615	421
地方	1206	173	560	1047	159
其他	845	165	323	723	122
三、按登记注册类型分					
内资企业	12037	1338	5191	11337	700
港、澳、台商和外商投资企业	50	14	16	48	2
四、按国民经济行业分					
房屋建筑业	4030	456	1574	3850	180
土木工程建筑业	6749	672	3072	6358	391
建筑安装业	1145	178	503	1032	113
建筑装饰、装修和其他建筑业	163	46	58	145	18
五、按企业控股情况分					
国有控股	11223	1174	4910	10623	600
集体控股	62	6	11	57	5
私人控股	681	149	236	589	92
港澳台商控股、外商控股和其他	121	23	50	116	5

人员情况（2021 年）

按工作量分		R&D 人员折合全时当量（人年）	# 研究人员	按活动类型分		
全时人员	非全时人员			基础研究人员	应用研究人员	试验发展人员
7119	**4968**	**7904**	**3378**	**1**	**200**	**7703**
6431	4728	7221	3099	1	140	7081
665	214	646	270	0	61	585
23	14	30	8	0	0	30
0	12	6	1	0	0	6
5746	4290	6553	2797	1	69	6484
702	504	826	387	0	51	775
671	174	524	194	0	81	444
7090	4947	7861	3364	1	200	7661
29	21	43	14	0	0	43
2559	1471	2812	1098	0	111	2701
3748	3001	4141	1872	1	40	4100
720	425	850	373	0	43	807
92	71	101	35	0	6	95
6528	4695	7334	3185	1	120	7214
13	49	23	4	0	0	23
504	177	448	149	0	81	368
74	47	99	41	0	0	99

表 4-3　建筑业企业 R&D

项　目	R&D 经费内部支出	按活动类型分		
		基础研究	应用研究	试验发展
合计	**741065**	**274**	**8480**	**732311**
一、按企业规模分				
大型	714141	274	7305	706563
中型	25926	0	1175	24751
小型	605	0	0	605
微型	393	0	0	393
二、按隶属关系分				
中央	665426	274	3747	661405
地方	45801	0	701	45100
其他	29838	0	4033	25806
三、按登记注册类型分				
内资企业	739909	274	8480	731155
港、澳、台商和外商投资企业	1156	0	0	1156
四、按国民经济行业分				
房屋建筑业	236439	0	5880	230559
土木工程建筑业	465875	274	1921	463680
建筑安装业	34730	0	610	34120
建筑装饰、装修和其他建筑业	4021	0	69	3952
五、按企业控股情况分				
国有控股	704398	274	4447	699677
集体控股	276	0	0	276
私人控股	23748	0	4033	19715
港澳台商控股、外商控股和其他	12644	0	0	12644

经费情况（2021 年）

单位：万元

按支出用途分				
经常费支出	#人员劳务费	资产性支出	土地与建筑物	仪器和设备
739604	**158329**	**1461**	**410**	**1052**
713075	146995	1067	289	777
25531	10931	395	120	274
605	364	0	0	0
393	39	0	0	0
664377	136132	1049	272	777
45668	16102	133	133	0
29559	6095	279	5	274
738447	157834	1461	410	1052
1156	495	0	0	0
236390	42894	48	15	33
464668	98207	1207	279	929
34524	15928	206	116	90
4021	1300	0	0	0
702946	151516	1453	406	1047
276	83	0	0	0
23739	5890	9	4	5
12644	841	0	0	0

表 4-3　建筑业企业 R&D

项　目	按资金来源分		
	政府资金	企业资金	其他资金
合计	**4420**	**736478**	**168**
一、按企业规模分			
大型	4289	709685	168
中型	131	25795	0
小型	0	605	0
微型	0	393	0
二、按隶属关系分			
中央	4239	661020	168
地方	50	45751	0
其他	131	29707	0
三、按登记注册类型分			
内资企业	4420	735321	168
港、澳、台商和外商投资企业	0	1156	0
四、按国民经济行业分			
房屋建筑业	0	236439	0
土木工程建筑业	4419	461289	168
建筑安装业	1	34729	0
建筑装饰、装修和其他建筑业	0	4021	0
五、按企业控股情况分			
国有控股	4289	699942	168
集体控股	0	276	0
私人控股	131	23617	0
港澳台商控股、外商控股和其他	0	12644	0

经费情况（2021 年）（续）

单位：万元

R&D 经费外部支出 外部支出	对境内研究机构支出	对境内高等学校支出	对境内企业支出	对境外支出
4364	**592**	**1262**	**2428**	**82**
4294	588	1197	2428	82
69	4	65	0	0
0	0	0	0	0
0	0	0	0	0
4299	588	1202	2428	82
32	4	28	0	0
33	0	33	0	0
4364	592	1262	2428	82
0	0	0	0	0
40	0	40	0	0
4300	592	1222	2405	82
23	0	0	23	0
0	0	0	0	0
4339	592	1238	2428	82
0	0	0	0	0
24	0	24	0	0
0	0	0	0	0

表 4-4　建筑业企业办科技机构情况（2021 年）

项　目	机构数（个）	机构人员合计（人）	# 博士毕业	# 硕士毕业	机构经费支出（万元）	仪器和设备原价（万元）
合计	**66**	**9369**	**87**	**907**	**432165**	**230952**
一、按企业规模分						
大型	52	8583	80	842	414535	224254
中型	14	786	7	65	17630	6698
小型	0	0	0	0	0	0
微型	0	0	0	0	0	0
二、按隶属关系分						
中央	36	8080	84	825	398012	200906
地方	24	933	2	63	29093	21029
其他	6	356	1	19	5060	9017
三、按登记注册类型分						
内资企业	66	9369	87	907	432165	230952
港、澳、台商和外商投资企业	0	0	0	0	0	0
四、按国民经济行业分						
房屋建筑业	12	2051	10	178	122850	59358
土木工程建筑业	37	5968	75	691	268926	164855
建筑安装业	16	1350	2	38	39983	6511
建筑装饰、装修和其他建筑业	1	0	0	0	407	229
五、按企业控股情况分						
国有控股	57	8809	87	878	424020	226615
集体控股	1	92	0	5	1917	2016
私人控股	8	468	0	24	6229	2321
港澳台商控股、外商控股和其他	0	0	0	0	0	0

表 4-5　建筑业企业自主知识产权及相关情况（2021 年）

单位：件

项　目	专利申请数	#发明专利	有效发明专利数
合计	**3754**	**933**	**2172**
一、按企业规模分			
大型	3165	831	1557
中型	568	101	578
小型	21	1	37
微型	0	0	0
二、按隶属关系分			
中央	3220	837	1686
地方	218	43	138
其他	316	53	348
三、按登记注册类型分			
内资企业	3754	933	2148
港、澳、台商和外商投资企业	0	0	24
四、按国民经济行业分			
房屋建筑业	1316	330	769
土木工程建筑业	2033	543	1034
建筑安装业	366	49	284
建筑装饰、装修和其他建筑业	39	11	85
五、按企业控股情况分			
国有控股	3439	885	1796
集体控股	12	4	13
私人控股	289	38	333
港澳台商控股、外商控股和其他	14	6	30

表 4-6　建筑业企业政府相关政策落实情况（2021 年）

单位：万元

项　目	来自政府部门的研发资金	研究开发费用加计扣除减免税	高新技术企业减免税
合计	**177430**	**20742**	**29397**
一、按企业规模分			
大型	154628	16492	25003
中型	21977	3650	4360
小型	825	601	34
微型	0	0	0
二、按隶属关系分			
中央	153387	16364	22394
地方	12264	945	2779
其他	11779	3433	4224
三、按登记注册类型分			
内资企业	177430	20742	29397
港、澳、台商和外商投资企业	0	0	0
四、按国民经济行业分			
房屋建筑业	83373	8089	7159
土木工程建筑业	78439	10409	20498
建筑安装业	14002	1903	1568
建筑装饰、装修和其他建筑业	1616	341	172
五、按企业控股情况分			
国有控股	162588	17215	24948
集体控股	440	83	0
私人控股	14401	3445	4449
港澳台商控股、外商控股和其他	0	0	0

第五部分

重点服务业企业

表 5-1　重点服务业企业基本情况（2021 年）

项　目	企业数（个）	# 有 R&D 活动	# 有研发机构	从业人员期末人数（人）	主营业务收入（万元）	利润总额（万元）	资产总计（万元）
合计	**4575**	**365**	**82**	**599437**	**90289534**	**1824404**	**329122375**
一、按企业规模分							
大型	141	55	24	214269	23270983	−2128598	56734102
中型	462	111	33	170497	17662063	2136810	125415869
小型	2111	187	25	185815	31592020	1670949	118857714
微型	1861	12	0	28856	17764468	145243	28114690
二、按隶属关系分							
中央	134	50	19	61456	15951923	822783	35481199
地方	337	42	7	49117	6671796	934424	158048080
其他	4104	273	56	488864	67665815	67197	135593096
三、按登记注册类型分							
内资企业	4247	342	77	533988	79470847	496211	304675704
港、澳、台商投资企业	149	11	3	37297	5744997	529352	13205271
外商投资企业	179	12	2	28152	5073690	798841	11241400
四、按国民经济行业分							
交通运输、仓储和邮政业	1646	24	5	139426	38025410	−2277366	107307260
信息传输、软件和信息技术服务业	490	90	18	110441	15299991	1231338	24174279
租赁和商务服务业	1251	30	2	194648	17569566	948250	90404673
科学研究和技术服务业	707	207	53	110937	15153902	1252069	25654828
水利、环境和公共设施管理业	98	10	4	20037	1932194	420835	76040777
文化、体育和娱乐业与卫生和社会工作	383	4	0	23948	2308471	249279	5540558
五、按企业控股情况分							
国有控股	738	143	37	217689	29431272	2755341	255122727
集体控股	59	7	0	15998	889105	−3381101	2850823
私人控股	3479	198	41	309124	51403523	1481537	50814430
港澳台商控股	130	10	3	34761	4883579	479783	11715773
外商控股	159	7	0	21788	3671181	487531	8591896
其他	10	0	1	77	10874	1313	26726

表 5-2 重点服务业企业

项 目	R&D人员合计（人）	#女性	#研究人员	按工作性质分	
				项目研究开发人员	管理和服务人员
合计	**23791**	**6497**	**11967**	**21460**	**2331**
一、按企业规模分					
大型	14704	3467	7942	13094	1610
中型	5646	1866	2574	5234	412
小型	3295	1101	1379	2996	299
微型	146	63	72	136	10
二、按隶属关系分					
中央	9509	1568	4962	8396	1113
地方	1756	588	917	1648	108
其他	12526	4341	6088	11416	1110
三、按登记注册类型分					
内资企业	22138	5955	11227	20049	2089
港、澳、台商投资企业	1168	470	505	939	229
外商投资企业	485	72	235	472	13
四、按国民经济行业分					
交通运输、仓储和邮政业	638	162	268	582	56
信息传输、软件和信息技术服务业	6184	1939	3085	5607	577
租赁和商务服务业	1133	340	348	1028	105
科学研究和技术服务业	15383	3924	8055	13814	1569
水利、环境和公共设施管理业	244	82	109	228	16
文化、体育和娱乐业与卫生和社会工作	209	50	102	201	8
五、按企业控股情况分					
国有控股	14831	3118	7772	13440	1391
集体控股	242	73	121	234	8
私人控股	7282	2740	3414	6583	699
港澳台商控股	1070	433	469	849	221
外商控股	366	133	191	354	12
其他	0	0	0	0	0

R&D 人员情况（2021 年）

按工作量分		R&D 人员折合全时当量（人年）		按活动类型分		
全时人员	非全时人员		# 研究人员	基础研究人员	应用研究人员	试验发展人员
13577	**10214**	**12771**	**6322**	**54**	**1294**	**11422**
6950	7754	7276	3906	18	844	6415
4155	1491	3471	1556	29	322	3121
2350	945	1925	811	8	127	1790
122	24	98	49	0	2	97
3353	6156	4148	2094	16	419	3713
1170	586	1117	579	17	138	962
9054	3472	7506	3648	22	736	6748
12271	9867	11498	5736	54	1276	10167
903	265	913	416	0	18	895
403	82	359	169	0	0	359
394	244	432	181	3	0	429
5367	817	4264	2145	0	194	4070
475	658	630	191	0	0	630
6966	8417	7128	3653	51	1025	6052
191	53	169	79	0	59	110
184	25	147	73	0	17	131
6642	8189	7398	3807	46	938	6413
190	52	140	68	0	7	132
5623	1659	4090	1906	8	331	3751
815	255	848	391	0	18	831
307	59	295	151	0	0	295
0	0	0	0	0	0	0

表 5-3 重点服务业企业 R&D

项 目	R&D 经费内部支出	按活动类型分		
		基础研究	应用研究	试验发展
合计	**735196**	**3548**	**42965**	**688683**
一、按企业规模分				
大型	498249	507	26601	471140
中型	155388	2662	11929	140797
小型	77448	379	4407	72662
微型	4111	0	28	4083
二、按隶属关系分				
中央	328662	300	18243	310120
地方	35328	390	4442	30496
其他	371206	2859	20280	348067
三、按登记注册类型分				
内资企业	650965	3548	42733	604684
港、澳、台商投资企业	68681	0	232	68448
外商投资企业	15550	0	0	15550
四、按国民经济行业分				
交通运输、仓储和邮政业	15065	20	0	15045
信息传输、软件和信息技术服务业	212606	0	4443	208162
租赁和商务服务业	19137	0	0	19137
科学研究和技术服务业	469936	3528	35529	430879
水利、环境和公共设施管理业	7622	0	2385	5237
文化、体育和娱乐业与卫生和社会工作	10830	0	608	10222
五、按企业控股情况分				
国有控股	489899	3170	35408	451321
集体控股	2701	0	323	2378
私人控股	170332	379	7002	162952
港澳台商控股	65752	0	232	65520
外商控股	6511	0	0	6511
其他	0	0	0	0

经费按活动类型分布（2021 年）

单位：万元

按支出用途分				
经常费支出		资产性支出		
	# 人员劳务费		土地与建筑物	仪器和设备
698466	**441492**	**36730**	**1329**	**35401**
469727	301618	28522	896	27625
149481	88178	5908	423	5485
75324	49673	2124	9	2115
3935	2023	176	1	176
297432	157466	31231	265	30965
34888	29033	440	5	435
366147	254993	5059	1058	4001
615160	366398	35805	692	35113
67915	61593	765	637	129
15391	13501	159	0	159
15065	9543	0	0	0
211507	164434	1099	762	337
18619	14907	517	0	517
434948	241641	34988	473	34515
7590	3718	33	0	33
10737	7250	93	93	0
456507	265031	33393	627	32766
2683	2487	18	0	18
168031	110549	2301	65	2236
64990	58989	763	637	126
6256	4436	255	0	255
0	0	0	0	0

表 5-3 重点服务业企业 R&D

项 目	按资金来源分			
	政府资金	企业资金	境外资金	其他资金
合计	**32030**	**701017**	**1988**	**161**
一、按企业规模分				
大型	22450	473792	1988	19
中型	8573	146684	0	131
小型	1006	76430	0	11
微型	0	4111	0	0
二、按隶属关系分				
中央	13576	315009	60	17
地方	211	35115	0	2
其他	18243	350892	1928	142
三、按登记注册类型分				
内资企业	31935	618809	60	161
港、澳、台商投资企业	0	66753	1928	0
外商投资企业	95	15455	0	0
四、按国民经济行业分				
交通运输、仓储和邮政业	0	15065	0	0
信息传输、软件和信息技术服务业	17827	192720	1928	131
租赁和商务服务业	31	19106	0	0
科学研究和技术服务业	13889	455957	60	30
水利、环境和公共设施管理业	200	7422	0	0
文化、体育和娱乐业与卫生和社会工作	84	10747	0	0
五、按企业控股情况分				
国有控股	29937	459884	60	19
集体控股	0	2570	0	131
私人控股	2085	168236	0	11
港澳台商控股	0	63825	1928	0
外商控股	9	6503	0	0
其他	0	0	0	0

经费按活动类型分布（2021 年）（续）

单位：万元

R&D 经费外部支出	对境内研究机构支出	对境内高等学校支出	对境内企业支出	对境外支出
119334	**10222**	**8096**	**100153**	**863**
83050	8447	6548	67345	710
28400	631	1190	26426	153
6597	1144	347	5107	0
1287	0	12	1275	0
71925	2127	7008	62753	38
1654	279	873	502	0
45755	7816	216	36899	825
113142	10222	8096	94633	190
4995	0	0	4323	672
1197	0	0	1197	0
607	59	261	288	0
31834	297	82	30783	672
3441	20	87	3334	0
81149	9764	7667	63528	190
103	83	0	20	0
2200	0	0	2200	0
80363	2376	7962	69835	190
0	0	0	0	0
33808	7846	134	25828	0
4995	0	0	4323	672
167	0	0	167	0
0	0	0	0	0

表 5-4　重点服务业企业办科技机构情况（2021 年）

项　目	机构数（个）	机构人员合计（人）	# 博士毕业	# 硕士毕业	机构经费支出（万元）	仪器和设备原价（万元）
合计	**129**	**11559**	**423**	**3950**	**469865**	**627560**
一、按企业规模分						
大型	58	8680	266	2935	370769	205909
中型	41	2418	136	907	85892	388385
小型	30	461	21	108	13204	33266
微型	0	0	0	0	0	0
二、按隶属关系分						
中央	54	4761	252	2064	251688	466259
地方	8	333	17	128	7287	6132
其他	67	6465	154	1758	210891	155169
三、按登记注册类型分						
内资企业	124	10862	419	3862	437697	603436
港、澳、台商投资企业	3	692	4	84	32066	24019
外商投资企业	2	5	0	4	102	106
四、按国民经济行业分						
交通运输、仓储和邮政业	5	121	0	4	5955	21087
信息传输、软件和信息技术服务业	25	3315	32	727	129588	49081
租赁和商务服务业	2	18	3	3	576	370
科学研究和技术服务业	93	7937	381	3157	328276	552678
水利、环境和公共设施管理业	4	168	7	59	5470	4345
文化、体育和娱乐业与卫生和社会工作	0	0	0	0	0	0
五、按企业控股情况分						
国有控股	79	8372	330	3266	362132	544930
集体控股	0	0	0	0	0	0
私人控股	46	2495	89	600	74925	53933
港澳台商控股	3	692	4	84	32066	24019
外商控股	0	0	0	0	0	0
其他	1	0	0	0	742	4678

表 5-5　重点服务业企业自主知识产权及相关情况（2021 年）

单位：件

项　目	专利申请数	# 发明专利	有效发明专利数
合计	**4429**	**2142**	**5806**
一、按企业规模分			
大型	1957	1175	2464
中型	1304	661	1710
小型	1111	293	1527
微型	57	13	105
二、按隶属关系分			
中央	1721	1037	2208
地方	343	84	309
其他	2365	1021	3289
三、按登记注册类型分			
内资企业	4156	1988	5452
港、澳、台商投资企业	171	131	271
外商投资企业	102	23	83
四、按国民经济行业分			
交通运输、仓储和邮政业	166	48	191
信息传输、软件和信息技术服务业	986	721	1136
租赁和商务服务业	158	35	339
科学研究和技术服务业	2987	1300	4023
水利、环境和公共设施管理业	87	14	97
文化、体育和娱乐业与卫生和社会工作	45	24	20
五、按企业控股情况分			
国有控股	2703	1438	3438
集体控股	20	0	39
私人控股	1481	571	2002
港澳台商控股	162	128	234
外商控股	57	5	62
其他	6	0	31

表 5-6　重点服务业企业政府相关政策落实情况（2021 年）

单位：万元

项　目	来自政府部门的研发资金	研究开发费用加计扣除减免税	高新技术企业减免税
合计	**585484**	**66767**	**149137**
一、按企业规模分			
大型	308450	34033	83403
中型	172026	15272	46131
小型	96431	16139	17110
微型	8577	1323	2493
二、按隶属关系分			
中央	167722	18395	74998
地方	34284	4424	3831
其他	383478	43948	70309
三、按登记注册类型分			
内资企业	514903	57805	133460
港、澳、台商投资企业	54874	5243	10352
外商投资企业	15708	3719	5325
四、按国民经济行业分			
交通运输、仓储和邮政业	8084	1914	935
信息传输、软件和信息技术服务业	284717	25901	55425
租赁和商务服务业	16434	5505	6796
科学研究和技术服务业	262744	31721	78835
水利、环境和公共设施管理业	4183	419	1126
文化、体育和娱乐业与卫生和社会工作	9323	1307	6021
五、按企业控股情况分			
国有控股	269007	29704	85053
集体控股	3150	486	367
私人控股	252769	28823	51249
港澳台商控股	50964	4958	10179
外商控股	8852	2778	2213
其他	742	19	77

2022 天津科技统计年鉴

第六部分

高等学校

表 6-1　天津市高等学校科技活动人员基本情况（2016—2021 年）

项　目	单位	2016 年	2017 年	2018 年	2019 年	2020 年	2021 年
高等学校数	个	**54**	**53**	**53**	**53**	**54**	**51**
教学与科研人员	人	**39078**	**39933**	**41773**	**42665**	**43822**	**44000**
理、工、农、医类	人	23811	24597	26287	26499	27045	27020
人文、社会科学类	人	15267	15336	15486	16166	16777	16980
高等学校属 R&D 机构数	个	**322**	**322**	**342**	**400**	**408**	**455**
理、工、农、医类	个	230	218	249	325	326	359
人文、社会科学类	个	92	104	93	75	82	96
R&D 人员折合全时当量①	人年	**10354.5**	**10663.8**	**11752.3**	**17267.4**	**17167.1**	**20618.0**
基础研究	人年	4189.6	4279.1	4429.6	7131.6	6947.1	8321.6
应用研究	人年	5577.5	5765.4	5942.4	8102.2	7861.0	9889.4
试验发展	人年	587.4	619.3	1380.3	2033.5	2359.0	2407.1
理、工、农、医类学科 R&D 人员折合全时当量①	人年	**7132.7**	**7748.4**	**8655.2**	**14059.6**	**13986.7**	**15696.0**
基础研究	人年	2886.6	3073.0	3165.3	5801.3	5699.6	5957.5
应用研究	人年	3690.2	4078.9	4141.7	6252.8	5957.9	7361.2
试验发展	人年	555.9	596.5	1348.2	2005.5	2329.2	2377.3
人文、社会科学类学科 R&D 人员折合全时当量①	人年	**3221.8**	**2915.4**	**3097.1**	**3207.8**	**3180.4**	**3516.0**
基础研究	人年	1303.0	1206.1	1264.3	1330.3	1247.5	1351.2
应用研究	人年	1887.3	1686.5	1800.7	1849.4	1903.1	2148.1
试验发展	人年	31.5	22.8	32.1	28.0	29.8	16.7

注：①表中 R&D 人员折合全时当量数据为天津市统计局综合年报口径。

表 6-2　天津市高等学校科技活动经费基本情况（2016—2021 年）

单位：万元

项　目	2016 年	2017 年	2018 年	2019 年	2020 年	2021 年
科技活动经费内部支出	**423130**	**461165**	**493920**	**595519**	**627121**	**622334**
# 劳务费	53034	64538	69795	82497	84241	42288
业务费	294261	304032	325372	431511	449179	76251
固定资产购建费	41692	51485	56529	54434	60421	20645
理、工、农、医类	**392306**	**429723**	**459598**	**556985**	**588182**	**569414**
# 劳务费	41310	52683	56551	68193	69454	111696
业务费	280778	290184	310194	412893	431815	368717
固定资产购建费	40663	49986	55347	53614	59352	55414
人文、社会科学类	**30824**	**31442**	**34322**	**38534**	**38939**	**42303**
# 劳务费	11724	11855	13244	14304	14787	15876
业务费	13483	13848	15178	18618	17364	18653
固定资产购建费	1029	1499	1182	820	1069	1134
R&D 课题经费支出	**311114**	**308126**	**367957**	**247229**	**229626**	**393800**
基础研究	118897	95950	84103	63904	82764	150672
应用研究	167102	190871	222052	116380	99089	179458
试验发展	25115	21306	61803	66946	47772	63670
理、工、农、医类	**297688**	**292144**	**349217**	**224715**	**207317**	**369713**
基础研究	113560	89547	74863	53362	71881	140101
应用研究	159162	181363	212579	104458	87768	166077
试验发展	24966	21235	61775	66896	47668	63536
人文、社会科学类	**13426**	**15982**	**18740**	**22514**	**22309**	**24086**
基础研究	5337	6403	9240	10542	10883	10571
应用研究	7940	9508	9473	11922	11321	13381
试验发展	149	71	28	50	104	134
科研基建投入	**227939**	**229018**	**152935**	**81978**	**91622**	**382833**
科研基建支出	**259226**	**225883**	**141260**	**79361**	**90511**	**360087**

表 6-3 天津市高等学校 R&D 课题基本情况（2016—2021 年）

项 目	单位	2016 年	2017 年	2018 年	2019 年	2020 年	2021 年
R&D 课题							
课题数	个	22588	23157	25128	26987	31025	32677
课题投入人员	人年	10345	10658	11909	12283	12787	14164
课题经费拨入	万元	339477	329604	420953	381215	504207	493056
课题经费支出	万元	311114	308126	367957	247229	351972	395719
理、工、农、医类							
R&D 课题数	个	12993	13282	13914	15735	19423	20399
R&D 课题投入人员	人年	7133	7748	8823	9080	9611	10654
R&D 课题经费拨入	万元	320703	310078	399529	358877	483260	470665
R&D 课题经费支出	万元	297688	292144	349217	224715	329663	371633
人文、社会科学类							
R&D 课题数	个	9595	9875	11214	11252	11602	12278
R&D 课题投入人员	人年	3212	2910	3086	3203	3176	3510
R&D 课题经费拨入	万元	18774	19526	21424	22338	20947	22391
R&D 课题经费支出	万元	13426	15982	18740	22514	22309	24086

表 6-4 理、工、农、医类学科科技人力资源情况（2021 年）

单位：人

项 目	教学与科研人员	科学家和工程师	高级	中级	初级	技术员	辅助人员
合计	**27020**	**26210**	**9799**	**11776**	**4635**	**723**	**87**
一、按现从事学科分							
自然科学	3283	3272	1931	1205	136	11	0
工程与技术科学	10127	9925	4780	4290	855	118	84
医药科学	12279	11755	2649	5717	3389	523	1
农业科学	314	313	162	128	23	1	0
其他	1017	945	277	436	232	70	2
二、按最后学历分							
博士研究生	9778	9664	6027	3426	211	114	0
硕士研究生	8471	8163	2210	4388	1565	308	0
大学本科	7419	7118	1509	3193	2416	301	0
大学专科	1010	986	48	594	344	0	24
中专及以下	342	279	5	175	99	0	63
三、按年龄分							
29 岁及以下	2149	1663	21	354	1288	486	0
30 ～ 34 岁	5382	5206	362	2887	1957	176	0
35 ～ 39 岁	5859	5832	1391	3649	792	27	0
40 ～ 44 岁	5298	5287	2382	2584	321	9	2
45 ～ 49 岁	3249	3219	1890	1223	106	11	19
50 ～ 54 岁	2604	2565	1560	879	126	10	29
55 ～ 59 岁	2303	2262	2017	200	45	4	37
60 岁及以上	176	176	176	0	0	0	0
四、按学校隶属关系分							
部委所属院校	7077	6871	3855	2609	407	144	62
天津市所属院校	19943	19339	5944	9167	4228	579	25

表 6-5　理、工、农、医类学科科技人力资源按技术职务分布（2021 年）

单位：人

项　目	教学与科研人员	# 女性	教师技术职务	教授
合计	**27020**	**15264**	**11371**	**2745**
一、按现从事学科分				
自然科学	3283	1434	2713	837
工程与技术科学	10127	4171	6939	1498
医药科学	12279	8850	1271	325
农业科学	314	174	215	52
其他	1017	635	233	33
二、按最后学历分				
博士研究生	9778	3961	7649	2374
硕士研究生	8471	4831	2834	252
大学本科	7419	5400	876	118
大学专科	1010	827	12	1
中专及以下	342	245	0	0
三、按年龄分				
29 岁及以下	2149	1641	363	1
30 ～ 34 岁	5382	3409	1876	54
35 ～ 39 岁	5859	3397	2342	259
40 ～ 44 岁	5298	2822	2664	514
45 ～ 49 岁	3249	1723	1584	457
50 ～ 54 岁	2604	1448	1023	483
55 ～ 59 岁	2303	787	1355	814
60 岁及以上	176	37	164	163
四、按学校隶属关系分				
部委所属院校	7077	2733	4591	1509
天津市所属院校	19943	12531	6780	1236

表 6-5　理、工、农、医类学科科技人力资源

项　目	副教授	讲师	助教	其他
合计	**3736**	**4247**	**565**	**78**
一、按现从事学科分				
自然科学	908	886	72	10
工程与技术科学	2318	2677	425	21
医药科学	360	521	24	41
农业科学	73	72	18	0
其他	77	91	26	6
二、按最后学历分				
博士研究生	2511	2608	111	45
硕士研究生	871	1321	366	24
大学本科	349	315	85	9
大学专科	5	3	3	0
中专及以下	0	0	0	0
三、按年龄分				
29 岁及以下	20	205	120	17
30～34 岁	277	1299	214	32
35～39 岁	792	1139	134	18
40～44 岁	1053	1025	64	8
45～49 岁	723	392	11	1
50～54 岁	405	127	7	1
55～59 岁	465	60	15	1
60 岁及以上	1	0	0	0
四、按学校隶属关系分				
部委所属院校	1655	1227	176	24
天津市所属院校	2081	3020	389	54

按技术职务分布（2021 年）（续）

单位：人

其他技术职务	高级	中级	初级	其他	辅助人员
15649	**924**	**2394**	**7529**	**3992**	**87**
570	46	140	319	54	0
3188	268	696	1613	409	84
11008	589	1375	5196	3324	1
99	6	31	56	5	0
784	15	152	345	200	2
2129	433	709	818	55	0
5637	241	846	3067	1175	0
6543	247	795	2878	2322	0
998	3	39	591	341	24
342	0	5	175	99	63
1786	0	0	149	1151	0
3506	3	28	1588	1711	0
3517	21	319	2510	640	0
2634	115	700	1559	249	2
1665	176	534	831	94	19
1581	243	429	752	118	29
948	354	384	140	29	37
12	12	0	0	0	0
2486	212	479	1382	207	62
13163	712	1915	6147	3785	25

表 6-6 理、工、农、医类学科科技活动经费情况（2021 年）

单位：万元

项 目	经费合计	部委所属院校	天津市所属院校
一、上年结转经费	**404454**	**345093**	**59361**
二、科技经费筹集额	**678692**	**499787**	**178905**
# R&D 经费拨入合计	536950	366435	170515
科研事业费	46682	24624	22058
# 科研人员工资 1	1560	1560	0
科研人员工资 2	33449	13702	19748
主管部门专项费	50750	50680	70
# 平台建设经费	10922	10922	0
人才队伍建设经费	14665	14595	70
其他学科建设经费	25147	25147	0
国家发改委、科技部专项费	145330	129605	15725
国家自然科学基金项目费	69075	43407	25668
国务院其他部门专项费	60642	42184	18457
省、市、自治区专项费	23189	12423	10766
地市厅局（含县）专项费	2968	522	2446
企、事业单位委托经费	248960	193920	55040
# 进入学校财务	144119	89082	55036
当年学校科技活动经费	29957	1379	28578
# 为国家科技计划项目配套	0	0	0
金融机构贷款	0	0	0
国外资金	644	592	51
其他资金	497	450	47
三、当年经费支出合计	**622334**	**465888**	**156446**
# R&D 经费支出合计	487938	337786	150153
转拨给外单位经费	52920	42855	10065
# 对国内研究机构	19317	18054	1263
对国内高等学校	15915	14300	1615
对国内企业	12199	10501	1698
对境外机构	30	0	30
内部支出经费合计	569414	423034	146381
人员劳务费	111696	69409	42288
业务费	368717	292466	76251
固定资产购置费	55414	34769	20645
# 仪器设备费	49582	31129	18454
上缴税金	14418	11570	2848
管理费	15664	11663	4002
其他支出	3505	3158	348
四、当年结余经费合计	**460002**	**378252**	**81750**
银行存款	459506	377756	81750

续表

项　目	经费合计	部委所属院校	天津市所属院校
暂付款	496	496	0
其他	0	0	0
五、当年科研基建投入	**382833**	**94542**	**288291**
六、当年科研基建支出	**360085**	**73055**	**287030**
# 土建工程	324926	48103	276823
仪器设备	1794	13279	288
在岗人员人均年工资	118	15	103
年末在校从业人员总数（人）	3845	980	2865
年末在校博士研究生数（人）	1129	793	336
上缴经费	810	740	70

表 6–7 理、工、农、医类学科科

项 目	机构数（个）	从业人员（人）	科技活动人员（人年）	# 高级职称	# 中级职称
合计	**359**	**9605**	**6176.5**	**3682.7**	**1983.0**
一、按机构类型分					
R&D 机构	350	9424	6080.3	3623.0	1959.7
其他机构	9	181	96.2	59.7	23.3
二、按机构级别分					
国家级机构	30	1698	1144.6	707.7	350.5
省部级机构	313	7443	4735.9	2849.9	1504.3
其他主管部门机构	16	464	296.0	125.1	128.2
三、按组成类型分					
单位独办	297	8290	5278.6	3212.7	1614.8
与境内高校合办	22	580	386.0	244.1	129.5
与境内独立研究机构合办	5	120	111.5	56.1	34.6
与境外机构合办	12	192	111.1	69.3	39.3
与境内注册外商独资机构合办	0	0	0	0	0
与境内注册其他企业合办	21	390	268.2	94.9	149.8
其他	2	33	21.1	5.6	15.0
四、按学校隶属关系分					
部委所属院校	177	4490	3216.4	2110.5	822.1
天津市所属院校	182	5115	2960.1	1572.2	1160.9

技活动机构情况（2021 年）

培养研究生（人）	当年经费内部支出（万元）	# R&D 支出	承担课题（项）	固定资产原值（万元）	# 仪器设备
15826	**2565818**	**2301516**	**10639**	**1175155**	**825692**
15710	2519022	2262287	10325	1161440	815231
116	46796	39229	314	13716	10461
4273	669540	592547	2440	241887	168947
11401	1877991	1691862	8057	907802	631780
152	18287	17107	142	25466	24965
13778	2230107	2006588	9459	990285	709639
1379	191107	181237	767	62490	59327
72	10720	7910	82	4825	2965
252	14749	12703	107	7280	6974
0	0	0	0	0	0
320	113946	88489	202	105270	42412
25	5189	4589	22	5004	4376
8875	113946	1916616	6969	800789	506448
6951	402768	384900	3670	374366	319244

表 6-8　理、工、农、医类学科

项　目	课题数（项）	当年经费投入（万元）	当年经费支出（万元）	当年投入人员（人年）
合计	**20399**	**4706650**	**3716328**	**10653.8**
一、按项目活动类型分				
基础研究	5940	1401005	1087536	3428.4
应用研究	9270	1660767	1236565	4902.0
试验发展	3533	635362	490257	1729.2
R&D 成果应用	505	645340	583843	225.7
其他科技服务	1151	364176	318127	368.5
二、按科学领域分				
自然科学	4022	781392	564234	1473.5
工程与技术科学	12037	3276270	2664031	5935.8
医药科学	3631	608945	458874	2989.3
农业科学	709	40043	29189	255.2
三、按项目来源分				
国家科技重大专项	43	54601	63517	34.2
国家重点研发计划	1070	683460	565701	615.7
国家科技部项目	90	8238	18038	57.6
国家自然科学基金项目	4323	632604	512219	2494.5
教育部科技项目	5	170	135	1.8
国家部委其他科技项目	428	474030	305230	365.6
省、自治区、直辖市科技项目	2747	217594	165037	1615.7
地市厅局（含县）项目	915	19989	15848	558.0
企业单位委托科技项目	8704	2367086	1848431	4000.5
事业单位委托科技项目	696	123043	103836	282.6
国际合作项目	17	6485	830	14.6
自选课题	1328	117885	117102	577.6
其他课题	33	1465	404	35.4
四、按学校隶属关系分				
部委所属院校	10923	3633571	2841797	4183.6
天津市所属院校	9476	1073079	874531	6470.2

科技课题情况（2021 年）

					参与项目的研究生数（人）
# 女性	高级职称	中级职称	初级职称	其他	
3461.2	**5443.2**	**4039.1**	**1071.1**	**100.4**	**30378**
1069.8	1550.7	1371.9	448.5	57.3	10973
1627.6	2621.0	1798.4	450.6	32.0	11924
565.9	931.9	657.4	134.3	5.6	5947
67.3	129.1	78.4	16.8	1.4	589
130.6	210.5	133.0	20.9	4.1	945
573.2	921.2	510.6	31.5	10.2	6201
1785.5	3459.1	2073.5	363.5	39.7	18504
1004.0	949.3	1336.8	653.7	49.5	5209
98.5	113.6	118.2	22.4	1.0	464
17.0	19.3	10.3	4.4	0.2	97
242.0	376.1	185.9	47.2	6.5	2340
26.6	21.5	27.0	6.9	2.2	180
843.5	1244.2	952.3	265.4	32.6	9013
0.9	1.0	0.8	0	0	9
124.2	174.0	137.6	53.9	0.1	678
520.4	769.7	649.7	178.7	17.6	4439
183.5	158.4	269.0	121.1	9.5	819
1226.1	2237.9	1451.4	280.7	30.5	10248
74.5	154.7	104.7	23.2	0	1023
4.3	6.6	6.1	1.9	0	15
188.2	270.4	227.7	78.3	1.2	1491
10.0	9.4	16.6	9.4	0	26
1507.2	2823.7	1216.7	120.5	22.7	16334
1954.0	2619.5	2822.4	950.6	77.7	14044

表 6-9　理、工、农、医类学科科技交流情况（2021 年）

交流形式		单位	合计	按国（境）内外分		按学校隶属关系分	
				国（境）内	国（境）外	部委所属院校	天津市所属院校
合作研究	派遣	人次	308	275	33	66	242
	接受	人	383	364	19	159	224
国际学术会议	出席人员	人次	1703	1579	124	762	941
	交流论文	篇	1031	864	167	440	591
	特邀报告	篇	266	236	30	194	72
	主办会议	次	23	23	0	19	4

表 6-10　理、工、农、医类学科技术转让与知识产权情况（2021 年）

受让方类型	技术转让合同数（项）	合同金额（万元）	技术转让当年实际收入（万元）	知识产权类型	申请数（项）	授权数（项）	专利拥有量（项）
合计	**385**	**10172**	**3706**	**一、专利合计**	**5252**	**4654**	**19347**
# 专利出售	358	7695	3244	# 国外	81	50	125
其他知识产权出售	27	2477	462	**1. 按知识产权类型分**			
一、按登记注册类型分				发明专利	4224	2895	13111
国有企业	6	2838	452	实用新型	835	1494	5635
外资企业	0	0	0	外观设计	193	265	601
民营企业	379	7335	3254	**2. 按学校隶属关系分**			
其他	0	0	0	部委所属院校	2917	2662	12246
二、按学校隶属关系分				天津市所属院校	2335	1992	7101
部委所属院校	104	3040	2089	**二、其他知识产权**	**0**	**504**	**1475**
天津市所属院校	281	7132	1617	其中：集成电路布图设计登记数	0	0	0
				植物新品种授权数	0	0	0
				国家或行业标准数	0	4	27

表 6-11　理、工、农、医类学科

项　目	发表学术论文（篇）	#国外学术刊物发表	三大检索系统收录论文（篇）		
			SCIE	EI	ISTP
合计	**28664**	**17208**	**12536**	**8182**	**315**
一、按学科分					
自然科学	6997	5379	3938	1114	179
工程与技术科学	12767	8609	5464	6526	130
医药科学	8432	3044	3023	459	3
农业科学	468	176	111	83	3
二、按学校隶属关系分					
部委所属院校	15527	11119	7075	7171	246
天津市所属院校	13137	6089	5461	1011	69

科技成果情况（2021 年）

科技著作				大专院校教科书		编著	
部	千字	# 国（境）外出版		部	千字	部	千字
		部	千字				
70	**13490**	**7**	**893**	**63**	**14525**	**33**	**6869**
10	1942	2	508	9	3130	5	1589
34	8033	2	69	39	9301	19	4049
22	3418	1	300	14	2074	9	1231
4	97	2	16	1	20	0	0
20	3843	4	34	14	3847	3	830
50	9647	3	859	49	10678	30	6039

表 6-12　理、工、农、医类学科

项　目	获奖成果	国家最高科学技术奖	国家自然科学奖		
			特等奖	一等奖	二等奖
合计	**166**	**0**	**0**	**0**	**1**
一、按学科分					
自然科学	17	0	0	0	0
工程与技术科学	120	0	0	0	1
医药科学	28	0	0	0	0
农业科学	1	0	0	0	0
其他	0	0	0	0	0
二、按承担单位分					
#第一承担单位	92	0	0	0	1
第二承担单位	41	0	0	0	0
三、按学校隶属关系分					
部委所属院校	76	0	0	0	1
天津市所属院校	90	0	0	0	0

科技成果奖励情况（2021 年）

单位：项

国家技术发明奖			国家科学技术进步奖			省部级奖			其他
特等奖	一等奖	二等奖	特等奖	一等奖	二等奖	特等奖	一等奖	二等奖	
0	**0**	**2**	**0**	**1**	**4**	**6**	**42**	**95**	**15**
0	0	0	0	0	0	0	5	10	2
0	0	2	0	1	3	5	30	70	8
0	0	0	0	0	1	1	7	14	5
0	0	0	0	0	0	0	0	1	0
0	0	0	0	0	0	0	0	0	0
0	0	1	0	0	2	5	24	50	9
0	0	1	0	0	0	0	9	27	4
0	0	2	1	1	2	6	24	39	1
0	0	0	0	0	2	0	18	56	14

表 6–13　人文、社会科学类学科

项　目	教学与科研人员		按职称分	
		# 女性	# 教授	# 副教授
合计	**16980**	**10506**	**1829**	**4560**
一、按现从事学科分				
管理学	2981	1770	356	820
马克思主义	939	612	92	220
哲学	211	108	33	72
逻辑学	12	4	4	2
宗教学	7	1	1	4
语言学	2391	1888	139	620
中国文学	368	246	50	123
外国文学	440	351	50	118
艺术学	2237	1288	205	529
历史学	344	140	92	104
考古学	14	6	2	4
经济学	1683	1014	289	541
政治学	232	111	39	46
法学	801	473	108	232
社会学	175	108	25	39
民族学	14	7	4	1
新闻学与传播学	181	115	22	51
图书馆、情报与文献学	742	525	45	163
教育学	1763	1110	151	457
统计学	98	59	16	27
心理学	188	130	28	44
体育学	1120	422	74	334
其他学科	39	18	4	9
二、按年龄分				
60 岁及以上	115	25	107	8
55 ～ 59 岁	1811	907	760	810
50 ～ 54 岁	1611	909	395	747
45 ～ 49 岁	2112	1245	306	962
40 ～ 44 岁	4121	2634	210	1354
35 ～ 39 岁	3667	2400	48	587
30 ～ 34 岁	2630	1743	3	88
29 岁及以下	913	643	0	4
三、按学校隶属关系分				
部委所属院校	2783	1380	570	927
天津市所属院校	14197	9126	1259	3633

教学与科研人员情况（2021 年）

单位：人

			按最后学历分		按最后学位分	
# 讲师	# 助教	# 初级	# 研究生	# 本科生	# 博士	# 硕士
8104	**1558**	**927**	**12159**	**4817**	**4741**	**8944**
1392	237	176	2218	763	1104	1378
352	158	117	790	149	327	514
78	14	14	199	12	120	79
6	0	0	11	1	9	3
2	0	0	6	1	6	0
1342	217	73	1662	729	348	1593
165	19	11	297	71	177	143
212	35	25	337	103	131	250
1081	282	140	1477	758	185	1406
134	8	6	330	14	269	62
6	2	0	13	1	12	1
699	93	60	1361	321	860	632
103	40	3	202	29	130	90
373	51	37	600	201	311	377
94	10	7	157	18	111	54
4	5	0	12	2	7	6
76	21	11	168	13	62	109
440	30	64	380	362	63	375
875	153	127	1078	685	266	1085
43	8	4	81	17	52	34
83	24	9	162	26	91	79
522	147	43	595	525	86	659
22	4	0	23	16	14	15
0	0	0	90	25	80	10
230	10	1	928	882	507	569
452	12	5	918	692	481	609
806	28	10	1445	667	717	993
2341	171	45	2870	1251	1092	2379
2478	396	156	2831	834	973	2181
1569	582	388	2347	283	772	1596
228	359	322	730	183	119	607
1085	81	120	2512	271	1724	792
7019	1477	807	9647	4546	3017	8152

表 6-14 人文、社会科学类学科

项目			合计	教授①
合计		**全时人数（人）**	**106**	**54**
		非全时人数（人）	**14977**	**2339**
		非全时折合全时人数（人年）	**3410.0**	**621.2**
按学科分	管理学	全时人数（人）	25	11
		非全时人数（人）	3235	487
		非全时折合全时人数（人年）	800.6	135.9
	马克思主义	全时人数（人）	9	1
		非全时人数（人）	921	155
		非全时折合全时人数（人年）	211.4	40.4
	哲学	全时人数（人）	0	0
		非全时人数（人）	161	54
		非全时折合全时人数（人年）	31.5	11.3
	逻辑学	全时人数（人）	0	0
		非全时人数（人）	5	4
		非全时折合全时人数（人年）	1.0	0.8
	宗教学	全时人数（人）	0	0
		非全时人数（人）	2	1
		非全时折合全时人数（人年）	0.4	0.2
	语言学	全时人数（人）	2	1
		非全时人数（人）	870	134
		非全时折合全时人数（人年）	202.4	33.3
	中国文学	全时人数（人）	0	0
		非全时人数（人）	258	65
		非全时折合全时人数（人年）	52.4	16.5
	外国文学	全时人数（人）	0	0
		非全时人数（人）	254	38
		非全时折合全时人数（人年）	48.1	7.7
	艺术学	全时人数（人）	0	0
		非全时人数（人）	988	141
		非全时折合全时人数（人年）	249.2	41.3
	历史学	全时人数（人）	3	1
		非全时人数（人）	261	109
		非全时折合全时人数（人年）	59.6	27.0
	考古学	全时人数（人）	0	0
		非全时人数（人）	20	10
		非全时折合全时人数（人年）	4.6	2.0
	经济学	全时人数（人）	34	29
		非全时人数（人）	1431	292
		非全时折合全时人数（人年）	339.4	81.0

R&D 人员按职称分布（2021 年）

副教授	讲师	助教	初级	其他人员	研究生（学生）
36	**16**	**0**	**0**	**0**	**0**
3723	**5801**	**972**	**589**	**1**	**1552**
888.0	**1255.6**	**175.3**	**103.4**	**0.3**	**366.2**
10	4	0	0	0	0
775	1228	176	122	0	447
198.2	282.0	35.0	22.5	0	127.0
5	3	0	0	0	0
201	356	82	42	0	85
52.9	71.5	14.7	6.5	0	25.4
0	0	0	0	0	0
51	44	4	1	0	7
9.5	8.8	0.4	0.1	0	1.4
0	0	0	0	0	0
0	1	0	0	0	0
0	0.2	0	0	0	0
0	0	0	0	0	0
1	0	0	0	0	0
0.2	0	0	0	0	0
0	1	0	0	0	0
223	372	48	25	0	68
54.5	80.9	11.4	4.9	0	17.4
0	0	0	0	0	0
62	101	14	2	0	14
12.9	17.2	2.0	0.2	0	3.6
0	0	0	0	0	0
78	127	10	0	0	1
14.4	24.2	1.6	0	0	0.2
0	0	0	0	0	0
268	414	97	33	0	35
69.1	105.7	17.7	5.9	0	9.5
2	0	0	0	0	0
68	63	3	1	0	17
15.7	12.0	0.6	0.1	0	4.2
0	0	0	0	0	0
3	6	0	1	0	0
1.1	1.4	0	0.1	0	0
5	0	0	0	0	0
364	488	55	31	0	201
92.2	109.3	9.2	5.6	0	42.1

项　目			合计	教授[①]
按学科分	政治学	全时人数（人）	0	0
		非全时人数（人）	262	71
		非全时折合全时人数（人年）	64.9	21.2
	法学	全时人数（人）	12	4
		非全时人数（人）	641	101
		非全时折合全时人数（人年）	173.9	33.2
	社会学	全时人数（人）	2	2
		非全时人数（人）	476	72
		非全时折合全时人数（人年）	91.5	17.8
	民族学	全时人数（人）	0	0
		非全时人数（人）	29	9
		非全时折合全时人数（人年）	6.6	3.3
	新闻学与传播学	全时人数（人）	0	0
		非全时人数（人）	215	32
		非全时折合全时人数（人年）	45.5	7.0
	图书馆、情报与文献学	全时人数（人）	2	2
		非全时人数（人）	305	43
		非全时折合全时人数（人年）	55.2	8.3
	教育学	全时人数（人）	17	3
		非全时人数（人）	3157	348
		非全时折合全时人数（人年）	678.7	87.9
	统计学	全时人数（人）	0	0
		非全时人数（人）	165	22
		非全时折合全时人数（人年）	35.2	3.6
	心理学	全时人数（人）	0	0
		非全时人数（人）	255	25
		非全时折合全时人数（人年）	52.5	5.6
	体育学	全时人数（人）	0	0
		非全时人数（人）	1040	125
		非全时折合全时人数（人年）	201.3	35.6

注：①本表中教授包括外聘的教授。

续表

副教授	讲师	助教	初级	其他人员	研究生（学生）
0	0	0	0	0	0
74	75	11	5	0	26
17.3	16.0	2.0	1.2	0	7.2
6	2	0	0	0	0
157	217	30	13	0	123
42.0	52.3	3.9	2.0	0	40.5
0	0	0	0	0	0
114	192	20	19	0	59
22.8	35.2	3.7	3.2	0	8.8
0	0	0	0	0	0
14	5	0	0	0	1
2.3	0.8	0	0	0	0.2
0	0	0	0	0	0
56	85	22	14	0	6
13.0	18.4	3.7	1.4	0	2.0
0	0	0	0	0	0
65	150	11	23	0	13
13.0	26.5	2.0	3.1	0	2.3
8	6	0	0	0	0
850	1370	295	200	1	93
189.3	281.9	52.4	37.6	0.3	29.3
0	0	0	0	0	0
35	61	8	3	0	36
7.2	11.5	1.8	0.5	0	10.6
0	0	0	0	0	0
44	106	20	10	0	50
10.0	24.8	3.3	1.3	0	7.5
0	0	0	0	0	0
208	331	62	44	0	270
48.4	73.7	9.4	7.2	0	27.0

表 6–15　人文、社会科学类学科 R&D 人员按学校隶属关系分布（2021 年）

项　目			合计	按学校隶属关系分 部委所属院校	天津市所属院校
合计		**全时人数（人）**	**106**	**97**	**9**
		非全时人数（人）	**14977**	**2827**	**12150**
		非全时折合全时人数（人年）	**3410.0**	**790.7**	**2619.3**
按学科分	管理学	全时人数（人）	25	25	0
		非全时人数（人）	3235	840	2395
		非全时折合全时人数（人年）	800.6	249.1	551.5
	马克思主义	全时人数（人）	9	9	0
		非全时人数（人）	921	215	706
		非全时折合全时人数（人年）	211.4	64.6	146.8
	哲学	全时人数（人）	0	0	0
		非全时人数（人）	161	69	92
		非全时折合全时人数（人年）	31.5	15.6	15.9
	逻辑学	全时人数（人）	0	0	0
		非全时人数（人）	5	5	0
		非全时折合全时人数（人年）	1.0	1.0	0
	宗教学	全时人数（人）	0	0	0
		非全时人数（人）	2	2	0
		非全时折合全时人数（人年）	0.4	0.4	0
	语言学	全时人数（人）	2	2	0
		非全时人数（人）	870	232	638
		非全时折合全时人数（人年）	202.4	57.0	145.4
	中国文学	全时人数（人）	0	0	0
		非全时人数（人）	258	88	170
		非全时折合全时人数（人年）	52.4	21.8	30.6
	外国文学	全时人数（人）	0	0	0
		非全时人数（人）	254	61	193
		非全时折合全时人数（人年）	48.1	10.9	37.2
	艺术学	全时人数（人）	0	0	0
		非全时人数（人）	988	18	970
		非全时折合全时人数（人年）	249.2	3.8	245.4
	历史学	全时人数（人）	3	3	0
		非全时人数（人）	261	124	137
		非全时折合全时人数（人年）	59.6	32.7	26.9
	考古学	全时人数（人）	0	0	0
		非全时人数（人）	20	10	10
		非全时折合全时人数（人年）	4.6	2.7	1.9
	经济学	全时人数（人）	34	34	0
		非全时人数（人）	1431	452	979
		非全时折合全时人数（人年）	339.4	122.2	217.2

续表

项　目			合计	按学校隶属关系分	
				部委所属院校	天津市所属院校
按学科分	政治学	全时人数（人）	0	0	0
		非全时人数（人）	262	69	193
		非全时折合全时人数（人年）	64.9	20.5	44.4
	法学	全时人数（人）	12	12	0
		非全时人数（人）	641	276	365
		非全时折合全时人数（人年）	173.9	91.7	82.2
	社会学	全时人数（人）	2	2	0
		非全时人数（人）	476	86	390
		非全时折合全时人数（人年）	91.5	22.3	69.2
	民族学	全时人数（人）	0	0	0
		非全时人数（人）	29	14	15
		非全时折合全时人数（人年）	6.6	3.8	2.8
	新闻学与传播学	全时人数（人）	0	0	0
		非全时人数（人）	215	24	191
		非全时折合全时人数（人年）	45.5	6.5	39.0
	图书馆、情报与文献学	全时人数（人）	2	2	0
		非全时人数（人）	305	68	237
		非全时折合全时人数（人年）	55.2	15.0	40.2
	教育学	全时人数（人）	17	8	9
		非全时人数（人）	3157	119	3038
		非全时折合全时人数（人年）	678.7	37.9	640.8
	统计学	全时人数（人）	0	0	0
		非全时人数（人）	165	2	163
		非全时折合全时人数（人年）	35.2	0.5	34.7
	心理学	全时人数（人）	0	0	0
		非全时人数（人）	255	35	220
		非全时折合全时人数（人年）	52.5	7.3	45.2
	体育学	全时人数（人）	0	0	0
		非全时人数（人）	1040	18	1022
		非全时折合全时人数（人年）	201.3	3.4	197.9

表 6-16　人文、社会科学类学科科技经费情况（2021 年）

单位：万元

项　目	经费合计	部委所属院校	天津市所属院校
一、上年结转经费	**364048**	**254648**	**109400**
二、当年经费收入合计	**413309**	**177938**	**235372**
1. 政府资金投入	245271	99048	146223
科研活动经费	110816	70028	40787
教育部科研项目经费	12512	4574	7938
教育部其他科研经费	15264	14715	549
中央其他部门科研项目经费	63742	46339	17403
省、市、自治区社科基金项目	6011	1531	4480
省教育厅科研项目经费	2075	15	2060
省教育厅其他科研经费	2700	0	2700
其他各类地方政府经费	8512	2854	5657
科技活动人员工资	134456	29020	105436
科研基建费	0	0	0
2. 非政府资金投入	168038	78889	89149
企、事业单位委托项目经费	123201	67215	55986
金融机构贷款	0	0	0
自筹经费	32215	11675	20540
境外资金	227	0	227
# 港澳台地区合作项目经费	0	0	0
其他收入	3261	0	3261
科技活动人员工资	9135	0	9135
三、当年经费支出合计	**423032**	**193242**	**229790**
# 科研人员费	158756	35155	123601
业务费	186535	110792	75742
科研基建费	15	0	15
仪器设备费	11338	6413	4925
# 单价在 1 万元以上的设备费	375	0	375
图书资料费	15772	8042	7730
间接费	34135	20351	13784
管理费	7293	5190	2103
其他支出	14655	11888	2766
转拨给外单位经费	1826	600	1226
R&D 经费内部支出合计	421206	192642	228564
四、当年结余经费	354325	239343	114982
银行存款	354308	239343	114965
暂付款	17	0	17

表 6-17　人文、社会科学类学科研究机构情况（2021 年）

项　目	单位	合计	部委所属院校	天津市所属院校
机构数	个	**359**	**177**	**182**
科技活动人员	人			
# 博士毕业	人	6856	3374	3482
# 硕士毕业	人	2235	951	1284
培养研究生	人	**15826**	**8875**	**6951**
R&D 经费支出	万元	**230152**	**191662**	**38490**
仪器设备原价	万元	**825692**	**506448**	**319244**
# 进口	万元	340939	193541	147398

表 6-18　人文、社会科学类学科

项　目	课题数（项）	当年投入人员（人年）	# 研究生	当年经费拨入（万元）	当年经费支出（万元）
合计	**12278**	**3510.1**	**366.2**	**22390.76**	**24086.40**
一、按学科分					
管理学	2721	823.7	127.0	7653.00	9189.98
马克思主义	760	219.7	25.4	845.46	927.49
哲学	128	31.5	1.4	313.02	259.65
逻辑学	6	1.0	0	15.00	70.50
宗教学	2	0.4	0	0.60	0.70
语言学	712	204.2	17.4	643.87	515.46
中国文学	240	52.4	3.6	594.07	691.13
外国文学	198	48.1	0.2	158.53	274.92
艺术学	820	249.2	9.5	1458.59	1093.35
历史学	320	62.3	4.2	962.49	876.93
考古学	26	4.6	0	54.78	34.99
经济学	1604	372.6	42.1	4094.15	4778.29
政治学	291	64.9	7.2	556.65	792.26
法学	717	185.1	40.5	1449.09	1189.05
社会学	363	93.4	8.8	512.48	679.61
民族学	29	6.6	0.2	44.80	37.70
新闻学与传播学	162	45.5	2.0	123.56	111.61
图书馆、情报与文献学	212	57.0	2.3	260.78	273.34
教育学	2215	694.8	29.3	1730.31	1351.87
统计学	77	35.2	10.6	85.01	173.85
心理学	226	52.5	7.5	320.18	115.43
体育学	438	201.3	27.0	511.54	645.16
二、按学校隶属关系分					
部委所属院校	3562	881.9	207.3	13011.27	15416.26
天津市所属院校	8716	2628.2	158.9	9379.5	8670.14

课题情况（2021 年）

基础研究				
课题数（项）	当年投入人员（人年）	# 研究生	当年经费拨入（万元）	当年经费支出（万元）
5503	**1348.9**	**128.8**	**8054.34**	**10571.07**
748	206.9	26.2	1422.83	2885.13
547	141.5	21.3	674.69	772.36
111	27.9	1.4	303.07	248.45
6	1	0	15.00	70.50
2	0.4	0	0.60	0.70
495	121	8	478.31	334.10
204	39.6	3.2	511.86	625.44
133	28.5	0.2	74.53	171.70
375	114.2	4.3	470.57	420.79
295	56.4	4.2	953.79	843.18
23	3.8	0	40.16	33.46
543	117.8	15.3	1571.91	2066.27
206	47.3	6.3	288.30	528.65
286	65	12.9	327.61	376.65
154	31.3	3.1	215.08	341.87
16	3.4	0.2	37.00	26.90
100	21.8	0.3	60.16	80.05
125	28.1	1.8	90.66	188.04
884	207.4	10	392.87	378.16
12	7.7	0.9	4.05	16.82
115	23.3	3.3	62.94	65.43
114	51.5	5.9	55.55	93.27
1917	434.5	89.3	5850.17	8458.84
3586	914.4	39.5	2204.17	2112.23

表 6-18 人文、社会科学类学科

项 目	应用理论研究				
	课题数（项）	当年投入人员（人年）	# 研究生	当年经费拨入（万元）	当年经费支出（万元）
合计	**6739**	**2144.5**	**234**	**14330.22**	**13381.13**
一、按学科分					
管理学	1970	615.8	100.8	6226.17	6180.03
马克思主义	212	77.9	4.1	170.77	155.13
哲学	17	3.6	0	9.00	10.43
逻辑学	0	0	0	0	0
宗教学	0	0	0	0	0
语言学	217	83.2	9.4	165.56	181.35
中国文学	36	12.8	0.4	82.21	65.69
外国文学	65	19.6	0	84.00	103.22
艺术学	443	132.1	5.2	988.02	672.56
历史学	25	5.9	0	8.70	33.75
考古学	3	0.8	0	14.62	1.53
经济学	1060	254.3	26.8	2522.24	2709.02
政治学	85	17.6	0.9	268.35	263.60
法学	431	120.1	27.6	1120.98	811.90
社会学	206	59.4	3.2	297.40	336.24
民族学	13	3.2	0	7.80	10.80
新闻学与传播学	62	23.7	1.7	63.40	30.55
图书馆、情报与文献学	87	28.9	0.5	170.11	85.29
教育学	1314	482.5	19.3	1337.34	973.61
统计学	65	27.5	9.7	80.96	157.04
心理学	106	27.5	3.3	256.58	47.67
体育学	320	147.1	21.1	455.99	551.71
二、按学校隶属关系分					
部委所属院校	1642	446.3	118	7161.10	6949.92
天津市所属院校	5097	1698.2	116	7169.12	6431.21

课题情况（2021 年）（续）

试验发展				
课题数（项）	当年投入人员（人年）	# 研究生	当年经费拨入（万元）	当年经费支出（万元）
36	**16.7**	**3.4**	**6.21**	**134.20**
3	1	0	40.00	1248.25
1	0.3	0	0	0
0	0	0	9.50	7.65
0	0	0	0	0
0	0	0	0	0
0	0	0	0	0
0	0	0	0	0
0	0	0	0	0
2	2.9	0	0	0
0	0	0	0	0
0	0	0	0	0
1	0.5	0	0	30.00
0	0	0	0	0
0	0	0	5.02	4.89
3	2.7	2.5	0	15.00
0	0	0	0	0
0	0	0	0	10.00
0	0	0	0	0
17	4.9	0	1.00	1.00
0	0	0	0	0
5	1.7	0.9	6.56	23.32
4	2.7	0	0	1.90
3	1.1	0	0	75.00
33	15.6	3.4	6.21	126.7

表 6-19 人文、社会科学类学科课题

项目	课题数（项）	部委所属院校	天津市所属院校	当年投入人员（人年）	# 研究生
合计	**12278**	**3562**	**8716**	**3510.1**	**366.2**
按课题来源分					
国家社会科学基金项目	878	467	411	284.8	52
国家社会科学基金单列学科项目	58	8	50	19.0	2.3
教育部人文、社会科学研究项目	678	230	448	227.5	27.4
高校古籍整理研究项目	10	8	2	1.6	0
国家自然科学基金项目	256	185	71	103.9	25.0
中央其他部门社科专门项目	366	197	169	108.4	14.1
省、市、自治区社科项目	2328	531	1797	713.6	59.6
省教育厅社科项目	919	112	807	275.1	4.5
地、市、厅、局等政府部门项目	1260	181	1079	407.2	50.6
国际合作项目	0	0	0	0	0
与港、澳、台合作研究项目	2	1	1	0.2	0
企、事业单位委托项目	3575	1228	2347	844.1	103.4
学校社科研究项目	1870	411	1459	504.3	26.9
外资项目	9	3	6	1.2	0
其他项目	69	0	69	19.2	0.4

按课题来源分布（2021 年）

当年经费拨入（万元）	当年立项项目拨入经费	当年经费支出（万元）	当年新开课题数（项）	当年新开课题批准经费（万元）	当年完成课题数（项）
223908	**164180**	**240864**	**3222**	**244047**	**2166**
36364	30528	37463	159	42610	90
3460	2575	1704	16	3510	9
12512	5132	13448	95	10088	98
30	30	126	2	110	1
14401	9493	18913	49	27647	47
9487	5263	13599	61	7130	51
6011	3608	8073	447	6748	369
2075	1793	2433	201	3502	113
7431	4932	5348	397	6541	255
0	0	0	0	0	0
0	0	7	0	0	0
123201	92426	132393	1190	122743	826
8326	8139	6821	585	13143	273
227	227	343	2	227	4
383	34	193	18	48	30

表6–20 人文、社会科学类学科

项 目	出版著作（部）	专著	# 被译成外文	编著教材
合计	**479**	**275**	**2**	**184**
一、按学科分				
管理学	69	42	0	26
马克思主义	46	36	0	8
哲学	9	6	0	3
逻辑学	0	0	0	0
宗教学	1	0	0	0
语言学	35	19	1	16
中国文学	21	17	0	3
外国文学	11	7	0	4
艺术学	65	22	0	42
历史学	17	14	1	2
考古学	3	2	0	0
经济学	48	29	0	16
政治学	7	5	0	2
法学	31	18	0	12
社会学	8	5	0	2
民族学	6	3	0	1
新闻学与传播学	10	5	0	3
图书馆、情报与文献学	4	2	0	2
教育学	51	23	0	27
统计学	3	2	0	1
心理学	7	3	0	4
体育学	19	11	0	7
二、按学校隶属关系分				
部委所属院校	137	99	1	32
天津市所属院校	342	176	1	152

科技成果情况（2021 年）

			古籍整理（部）	译著（部）	发表译文（篇）
工具书、参考书	皮书 / 发展报告	科普读物			
6	**7**	**7**	**2**	**54**	**6**
1	0	0	0	3	0
0	2	0	0	0	0
0	0	0	1	4	0
0	0	0	0	0	0
1	0	0	0	0	0
0	0	0	0	8	0
1	0	0	0	1	0
0	0	0	0	25	0
0	0	1	0	1	0
1	0	0	1	7	1
0	0	1	0	0	0
0	2	1	0	0	0
0	0	0	0	1	2
1	0	0	0	3	0
0	1	0	0	0	0
0	0	2	0	0	0
0	2	0	0	0	0
0	0	0	0	0	1
0	0	1	0	1	2
0	0	0	0	0	0
0	0	0	0	0	0
1	0	0	0	0	0
3	2	1	1	19	0
3	5	6	1	35	6

表 6-20　人文、社会科学类学科

项　目	电子出版物（篇）	发表论文（篇）	# 国内学术刊物	获奖成果数（项）
合计	**6**	**7715**	**7161**	**255**
一、按学科分				
管理学	0	1202	937	36
马克思主义	5	593	592	22
哲学	0	118	105	8
逻辑学	0	0	0	0
宗教学	0	2	2	0
语言学	0	565	555	16
中国文学	0	307	304	12
外国文学	0	205	191	4
艺术学	0	813	800	5
历史学	0	172	169	17
考古学	0	18	16	1
经济学	0	876	802	47
政治学	0	269	264	11
法学	0	351	347	25
社会学	0	176	152	6
民族学	0	29	28	2
新闻学与传播学	0	105	98	2
图书馆、情报与文献学	0	150	147	2
教育学	1	1238	1200	23
统计学	0	13	13	0
心理学	0	135	94	5
体育学	0	328	308	7
二、按学校隶属关系分				
部委所属院校	0	2790	2410	125
天津市所属院校	6	4925	4751	130

科技成果情况（2021 年）（续）

国家级奖	部级奖	省级奖	提交有关部门成果应用数（项）	# 被采纳数
0	**2**	**253**	**609**	**434**
0	0	36	121	70
0	0	22	24	16
0	0	8	0	0
0	0	0	0	0
0	0	0	0	0
0	0	16	10	7
0	0	12	1	0
0	0	4	1	1
0	0	5	23	12
0	0	17	0	0
0	0	1	1	1
0	0	47	88	78
0	0	11	14	14
0	1	24	48	42
0	0	6	28	22
0	0	2	1	1
0	0	2	5	5
0	0	2	1	1
0	0	23	212	140
0	0	0	5	0
0	1	4	3	2
0	0	7	14	13
0	1	124	175	166
0	1	129	434	268

表 6–21　人文、社会科学类学科当年立项

项　目	出版著作（部）	专著	#被译成外文	编著教材	工具书参考书	皮书/发展报告	科普读物
合计	**299**	**193**	**1**	**95**	**3**	**4**	**4**
一、按课题来源分							
国家社会科学基金项目	64	51	0	9	2	2	0
国家社会科学基金单列学科项目	8	5	0	3	0	0	0
教育部人文、社会科学研究项目	23	21	0	2	0	0	0
高校古籍整理研究项目	0	0	0	0	0	0	0
国家自然科学基金项目	12	12	0	0	0	0	0
中央其他部门社科专门项目	14	11	0	3	0	0	0
省、市、自治区社科项目	47	40	0	6	0	1	0
省教育厅社科项目	11	10	1	1	0	0	0
地、市、厅、局等政府部门项目	26	9	0	15	0	0	2
国际合作项目	4	0	0	4	0	0	0
与港、澳、台合作研究项目	1	0	0	1	0	0	0
企、事业单位委托项目	42	17	0	21	1	1	2
学校社科项目	33	11	0	22	0	0	0
外资项目	0	0	0	0	0	0	0
其他项目	14	6	0	8	0	0	0
二、按学校隶属关系分							
部委所属院校	93	69	0	20	2	1	1
天津市所属院校	206	124	1	75	1	3	3

项目研究成果情况（2021 年）

古籍整理（部）	译著（部）	发表译文（篇）	电子出版物（篇）	发表论文（篇）	# 国外学术刊物	提交有关部门成果应用数（项）	# 被采纳数
2	**8**	**3**	**6**	**4826**	**412**	**498**	**324**
0	4	2	0	1077	78	19	13
0	0	0	0	73	5	3	3
0	0	1	1	424	26	11	9
1	0	0	0	2	0	0	0
0	0	0	0	454	171	9	0
0	1	0	0	130	7	9	6
0	1	0	0	757	40	60	25
0	0	0	0	210	5	39	17
0	1	0	5	320	12	139	110
0	0	0	0	0	0	0	0
0	0	0	0	15	0	0	0
0	0	0	0	691	30	128	97
1	0	0	0	502	32	30	24
0	0	0	0	9	6	2	2
0	1	0	0	162	0	49	18
1	2	0	0	2211	302	103	94
1	6	3	6	2615	110	395	230

表6-22　人文、社会科学类学科

项　目	校办学术会议（次）		参加学术会议		受聘讲学	
	本校独办	与外单位合办	参加人次	提交论文（篇）	派出人次	来校人次
合计	**244**	**87**	**5742**	**1563**	**862**	**836**
一、按学术交流类别分						
国际学术交流	11	19	281	188	18	54
国内学术交流	231	68	5351	1371	843	776
与港澳台地区学校交流	2	0	110	4	1	6
二、按学校隶属关系分						
部委所属院校	67	38	1136	584	345	406
天津市所属院校	177	49	4606	979	517	430

学术交流情况（2021 年）

社科考察		进修学习		合作研究		课题数（项）
派出人次	来校人次	派出人次	来校人次	派出人次	来校人次	
473	**464**	**2835**	**2056**	**305**	**314**	**295**
6	19	9	5	1	8	10
467	444	2826	2051	304	306	285
0	1	0	0	0	0	0
66	91	59	58	108	165	168
407	373	2776	1998	197	149	127

第七部分

高技术产业

表 7-1　高技术产业生产经营情况（2021 年）

国民经济行业	企业数（个）	从业人员平均人数（人）	资产总计（亿元）	主营业务收入（亿元）	利润总额（亿元）
合计	**583**	**185204**	**4085.8**	**3196.8**	**264.2**
医药制造业	**125**	**45520**	**1241.7**	**704.8**	**106.6**
化学药品制造	49	20565	564.4	393.5	42.9
中药饮品加工	5	585	29.1	14.2	1.8
中成药生产	14	12355	265.7	165.5	30.0
兽用药品制造	8	1797	59.5	20.7	5.6
生物药品制品制造	16	3505	141.3	69.8	21.9
卫生材料及医药用品制造	27	2721	40.3	17.4	1.0
药用辅料及包装材料	6	3992	141.4	23.8	3.3
航空、航天器及设备制造业	**28**	**7695**	**173.5**	**62.4**	**0.2**
飞机制造	9	3991	96.5	30.8	−0.2
航天器及运载火箭、航空、航天相关设备制造	8	1963	45.0	21.0	1.0
其他航空航天器制造	3	171	6.1	1.2	−0.3
航空航天器修理	8	1570	26.2	9.8	−0.6
电子及通信设备制造业	**260**	**96548**	**1839.2**	**1621.9**	**92.5**
电子工业专用设备制造	15	1559	49.9	20.6	4.4
光纤、光缆及锂离子电池制造	20	15107	393.8	203.0	−1.8
通信设备制造、雷达及配套设备制造	24	7663	170.8	140.8	13.2
广播电视设备制造	8	680	30.7	3.5	−0.7
非专业视听设备制造	4	1375	25.2	24.7	1.2
电子器件制造	47	25149	616.6	565.1	42.0
电子元件及电子专用设备制造	111	39051	475.1	599.0	30.1
智能消费设备制造	12	2037	18.8	20.3	0.3
其他电子设备制造	19	3927	58.2	44.9	3.8
计算机及办公设备制造业	**34**	**18519**	**571.2**	**597.0**	**38.3**
计算机整机制造	14	12930	470.5	462.2	30.7
计算机零部件	3	125	0.6	1.4	0.1
计算机外围设备制造	6	1624	44.8	86.1	5.1
工业控制计算机及系统制造	3	379	6.9	5.4	1.3
信息安全设备	2	375	8.8	5.1	0.8
其他计算机制造	3	199	5.3	18.6	−0.4
办公设备制造	3	2887	34.3	18.2	0.9
医疗仪器设备及仪器仪表制造业	**136**	**16922**	**260.2**	**210.7**	**26.6**
医疗仪器设备及器械制造	43	7286	117.0	92.4	14.0
通用仪器仪表制造	65	6507	112.9	93.5	11.1
专用仪器仪表制造	17	1758	15.4	13.7	0.5
光学仪器制造	5	794	4.9	3.5	−0.5
其他仪器仪表制造业	6	577	10.1	7.5	1.4

表 7-2　高技术产业 R&D 活动人员情况（2021 年）

国民经济行业	有 R&D 活动的企业数（个）	R&D 人员（人）	# 研究人员	R&D 人员折合全时当量（人年）
合计	**308**	**24744**	**10544**	**15586.4**
医药制造业	**76**	**6949**	**3542**	**5425.7**
化学药品制造	28	1733	811	1027.9
中药饮品加工	2	102	39	65.3
中成药生产	10	1565	795	1288.5
兽用药品制造	6	290	147	224.3
生物药品制品制造	13	787	399	551.6
卫生材料及医药用品制造	12	188	58	120.8
药用辅料及包装材料	5	2284	1293	2147.4
航空、航天器及设备制造业	**16**	**1132**	**620**	**686.1**
飞机制造	5	716	394	593.1
航天器及运载火箭、航空、航天相关设备制造	5	314	174	43.0
其他航空航天器制造	3	42	20	21.3
航空航天器修理	3	60	32	29.3
电子及通信设备制造业	**120**	**8680**	**3810**	**5753.6**
电子工业专用设备制造	8	394	199	272.1
光纤、光缆及锂离子电池制造	11	910	413	592.7
通信设备制造、雷达及配套设备制造	15	990	505	770.7
广播电视设备制造	3	131	71	119.0
非专业视听设备制造	2	75	6	33.4
电子器件制造	23	2007	919	1554.9
电子元件及电子专用设备制造	41	2234	698	1043.3
智能消费设备制造	7	605	320	408.8
其他电子设备制造	10	1334	679	958.8
计算机及办公设备制造业	**19**	**5500**	**1535**	**2186.0**
计算机整机制造	10	4933	1288	1829.1
计算机零部件	1	12	5	1.2
计算机外围设备制造	2	53	30	31.3
工业控制计算机及系统制造	1	47	23	33.8
信息安全设备	2	69	33	39.8
其他计算机制造	2	80	39	62.3
办公设备制造	1	306	117	188.7
医疗仪器设备及仪器仪表制造业	**77**	**2483**	**1037**	**1535.0**
医疗仪器设备及器械制造	24	1153	444	633.9
通用仪器仪表制造	35	890	372	615.3
专用仪器仪表制造	12	308	162	218.3
光学仪器制造	3	30	14	13.8
其他仪器仪表制造业	3	102	45	53.7

表 7-3　高技术产业 R&D 活动经费情况（2021 年）

单位：万元

国民经济行业	R&D 经费内部支出	按用途分		按来源分		R&D 经费外部支出
		# 人员劳务费	# 仪器和设备	# 政府资金	# 企业资金	
合计	**816508**	**315573**	**61040**	**19055**	**767961**	**116770**
医药制造业	**233135**	**70414**	**14844**	**2106**	**231030**	**14296**
化学药品制造	58322	21684	2839	417	57905	4326
中药饮品加工	3840	1164	313	793	3047	105
中成药生产	39171	17505	2754	258	38912	5817
兽用药品制造	6024	3091	874	60	5964	795
生物药品制品制造	102539	14473	6921	532	102008	398
卫生材料及医药用品制造	3102	1758	151	45	3057	76
药用辅料及包装材料	20137	10740	992	0	20137	2778
航空、航天器及设备制造业	**34127**	**10485**	**237**	**5074**	**28818**	**4649**
飞机制造	27726	7671	57	4831	22895	4635
航天器及运载火箭、航空、航天相关设备制造	4524	1732	180	243	4047	14
其他航空航天器制造	795	564	0	0	795	0
航空航天器修理	1081	519	0	0	1081	0
电子及通信设备制造业	**328066**	**125530**	**33162**	**10973**	**311188**	**28478**
电子工业专用设备制造	18067	7144	3722	4015	14052	0
光纤、光缆及锂离子电池制造	31411	13671	1197	3181	28230	1883
通信设备制造、雷达及配套设备制造	63612	22905	4781	753	62774	15894
广播电视设备制造	4037	3568	2	0	4037	0
非专业视听设备制造	1231	285	0	0	1231	0
电子器件制造	84569	34610	11411	366	78397	9410
电子元件及电子专用设备制造	91437	19747	10555	1025	90412	306
智能消费设备制造	12865	6921	597	84	12768	0
其他电子设备制造	20837	16680	898	1550	19287	985
计算机及办公设备制造业	**151517**	**77686**	**8221**	**246**	**127929**	**68279**
计算机整机制造	141564	71499	7673	246	117976	67603
计算机零部件	346	99	0	0	346	0
计算机外围设备制造	1046	613	0	0	1046	0
工业控制计算机及系统制造	518	482	0	0	518	20
信息安全设备	1187	840	35	0	1187	656
其他计算机制造	2095	1319	1	0	2095	0
办公设备制造	4761	2835	512	0	4761	0
医疗仪器设备及仪器仪表制造业	**69663**	**31458**	**4576**	**657**	**68996**	**1067**
医疗仪器设备及器械制造	40031	14535	3147	213	39807	66
通用仪器仪表制造	21314	12197	1353	203	21111	564
专用仪器仪表制造	4127	2817	76	209	3918	79
光学仪器制造	2411	783	0	0	2411	0
其他仪器仪表制造业	1782	1126	0	32	1750	359

表 7-4 高技术产业新产品开发与销售情况（2021 年）

国民经济行业	新产品开发项目数（项）	新产品开发经费（万元）	新产品销售收入（万元）	#出口
合计	**3972**	**855378**	**12964540**	**5487329**
医药制造业	**1105**	**246516**	**2308060**	**663868**
化学药品制造	405	65301	534706	107998
中药饮品加工	57	3612	31887	12939
中成药生产	235	37943	762024	32
兽用药品制造	103	7447	128201	0
生物药品制品制造	166	106414	567951	379629
卫生材料及医药用品制造	96	5757	63146	39783
药用辅料及包装材料	43	20042	220147	123487
航空、航天器及设备制造业	**192**	**35733**	**191795**	**4051**
飞机制造	67	26317	81875	1078
航天器及运载火箭、航空、航天相关设备制造	83	7298	100574	0
其他航空航天器制造	17	885	409	0
航空航天器修理	25	1232	8938	2973
电子及通信设备制造业	**1536**	**366196**	**6142765**	**2545938**
电子工业专用设备制造	138	22263	109166	1265
光纤、光缆及锂离子电池制造	230	42539	532843	95177
通信设备制造、雷达及配套设备制造	394	78132	562119	54238
广播电视设备制造	17	5274	9050	0
非专业视听设备制造	17	148	1638	0
电子器件制造	194	112247	719451	463724
电子元件及电子专用设备制造	324	63345	3949850	1894196
智能消费设备制造	89	14234	88728	1570
其他电子设备制造	133	28015	169920	35768
计算机及办公设备制造业	**248**	**116180**	**3816050**	**2165225**
计算机整机制造	122	91302	3674865	2144573
计算机零部件	10	596	1678	0
计算机外围设备制造	16	2304	26613	173
工业控制计算机及系统制造	37	5237	11847	0
信息安全设备	24	1414	12877	0
其他计算机制造	16	2720	17789	0
办公设备制造	23	12608	70381	20479
医疗仪器设备及仪器仪表制造业	**891**	**90753**	**505870**	**108248**
医疗仪器设备及器械制造	316	47357	229421	99734
通用仪器仪表制造	364	29890	228447	4165
专用仪器仪表制造	132	8662	34314	0
光学仪器制造	24	2653	7333	2506
其他仪器仪表制造业	55	2191	6356	1843

表 7-5 高技术产业专利情况（2021 年）

单位：件

国民经济行业	专利申请数	#发明专利	有效发明专利
合计	**4690**	**2309**	**7327**
医药制造业	**621**	**255**	**2206**
化学药品制造	196	59	422
中药饮品加工	4	4	18
中成药生产	79	34	1096
兽用药品制造	76	46	167
生物药品制品制造	105	58	182
卫生材料及医药用品制造	115	24	162
药用辅料及包装材料	46	30	159
航空、航天器及设备制造业	**245**	**112**	**506**
飞机制造	150	78	251
航天器及运载火箭、航空、航天相关设备制造	65	26	194
其他航空航天器制造	6	5	58
航空航天器修理	24	3	3
电子及通信设备制造业	**2478**	**1439**	**2246**
电子工业专用设备制造	114	46	140
光纤、光缆及锂离子电池制造	453	211	231
通信设备制造、雷达及配套设备制造	288	114	255
广播电视设备制造	30	26	97
非专业视听设备制造	20		21
电子器件制造	866	750	561
电子元件及电子专用设备制造	400	157	531
智能消费设备制造	74	23	191
其他电子设备制造	233	112	219
计算机及办公设备制造业	**441**	**249**	**1135**
计算机整机制造	276	182	1015
计算机零部件			
计算机外围设备制造			
工业控制计算机及系统制造	55	23	57
信息安全设备	6	1	10
其他计算机制造	6	3	
办公设备制造	98	40	53
医疗仪器设备及仪器仪表制造业	**905**	**254**	**1234**
医疗仪器设备及器械制造	393	93	753
通用仪器仪表制造	417	124	368
专用仪器仪表制造	61	30	85
光学仪器制造	5		15
其他仪器仪表制造业	29	7	13

表 7-6　高技术产业技术获取和技术改造情况（2021 年）

单位：万元

国民经济行业	技术改造经费支出	购买境内技术经费支出	引进境外技术经费支出	引进境外技术的消化吸收经费支出
合 计	**26980**	**6338**	**794**	**0**
医药制造业	**15613**	**6030**	**0**	**0**
化学药品制造	15097	2080	0	0
中药饮品加工	0	0	0	0
中成药生产	408	3862	0	0
兽用药品制造	109	88	0	0
生物药品制品制造	0	0	0	0
卫生材料及医药用品制造	0	0	0	0
药用辅料及包装材料	0	0	0	0
航空、航天器及设备制造业	**3786**	**0**	**724**	**0**
飞机制造	3464	0	724	0
航天器及运载火箭、航空、航天相关设备制造	322	0	0	0
其他航空航天器制造	0	0	0	0
航空航天器修理	0	0	0	0
电子及通信设备制造业	**7581**	**0**	**0**	**0**
电子工业专用设备制造	0	0	0	0
光纤、光缆及锂离子电池制造	315	0	0	0
通信设备制造、雷达及配套设备制造	1181	0	0	0
广播电视设备制造	0	0	0	0
非专业视听设备制造	0	0	0	0
电子器件制造	3731	0	0	0
电子元件及电子专用设备制造	1147	0	0	0
智能消费设备制造	450	0	0	0
其他电子设备制造	757	0	0	0
计算机及办公设备制造业	**0**	**0**	**0**	**0**
计算机整机制造	0	0	0	0
计算机零部件	0	0	0	0
计算机外围设备制造	0	0	0	0
工业控制计算机及系统制造	0	0	0	0
信息安全设备	0	0	0	0
其他计算机制造	0	0	0	0
办公设备制造	0	0	0	0
医疗仪器设备及仪器仪表制造业	**0**	**308**	**70**	**0**
医疗仪器设备及器械制造	0	308	70	0
通用仪器仪表制造	0	0	0	0
专用仪器仪表制造	0	0	0	0
光学仪器制造	0	0	0	0
其他仪器仪表制造业	0	0	0	0

表 7-7　高技术产业企业办研发机构情况（2021 年）

国民经济行业	有研发机构的企业数（个）	机构数（个）	机构人员（人）	机构经费支出（万元）	仪器设备（万元）
合计	**122**	**159**	**15448**	**726437**	**355064**
医药制造业	**38**	**51**	**3196**	**120874**	**84212**
化学药品制造	15	16	1429	51556	41977
中药饮品加工	1	2	54	3577	5396
中成药生产	8	12	928	39156	12831
兽用药品制造	3	6	235	5980	3334
生物药品制品制造	5	9	340	9781	12570
卫生材料及医药用品制造	3	3	66	1748	1136
药用辅料及包装材料	3	3	144	9076	6968
航空、航天器及设备制造业	**5**	**9**	**780**	**25196**	**42787**
飞机制造	1	2	532	18242	19132
航天器及运载火箭、航空、航天相关设备制造	3	6	229	6060	23160
其他航空航天器制造	0	0	0	0	0
航空航天器修理	1	1	19	894	495
电子及通信设备制造业	**46**	**59**	**6409**	**314731**	**112407**
电子工业专用设备制造	2	5	299	14635	9620
光纤、光缆及锂离子电池制造	6	11	1231	50061	26675
通信设备制造、雷达及配套设备制造	6	7	1449	94177	22036
广播电视设备制造	2	2	177	4804	1142
非专业视听设备制造	0	0	0	0	0
电子器件制造	7	7	799	46608	21752
电子元件及电子专用设备制造	17	21	1136	79722	18947
智能消费设备制造	2	2	138	5925	5371
其他电子设备制造	4	4	1180	18801	6865
计算机及办公设备制造业	**7**	**8**	**3777**	**223703**	**90951**
计算机整机制造	4	5	3439	213221	86757
计算机零部件	0	0	0	0	0
计算机外围设备制造	0	0	0	0	0
工业控制计算机及系统制造	0	0	0	0	0
信息安全设备	2	2	62	2646	1052
其他计算机制造	0	0	0	0	0
办公设备制造	1	1	276	7835	3142
医疗仪器设备及仪器仪表制造业	**26**	**32**	**1286**	**41933**	**24708**
医疗仪器设备及器械制造	11	16	607	26300	12426
通用仪器仪表制造	10	11	439	11590	8713
专用仪器仪表制造	3	3	212	3756	2722
光学仪器制造	2	2	28	287	846
其他仪器仪表制造业	0	0	0	0	0

第八部分

火炬统计调查

（一）国家级高新技术企业

表 8-1　国家级高新技术企业基本情况（2019—2021 年）

项　目	2019 年	2020 年	2021 年
纳入统计企业数（个）	**6013**	**7348**	**9095**
大型企业	154	267	180
中型企业	478	587	539
小型企业	3294	3975	4617
微型企业	2087	2519	3759
从业人员期末人数（人）	**644967**	**693735**	**767362**
大型企业	268371	334304	314641
中型企业	159204	147306	174476
小型企业	196629	190803	244064
微型企业	20763	21322	34181
营业收入（亿元）	**10042.51**	**11483.60**	**13741.43**
大型企业	5683.01	7646.46	7733.70
中型企业	2255.51	1853.83	2838.03
小型企业	1954.29	1829.43	2911.57
微型企业	149.70	153.87	258.13
工业总产值（亿元）	**5461.23**	**6059.48**	**7739.10**
大型企业	2134.28	3316.26	3136.16
中型企业	1626.54	1250.10	2135.86
小型企业	1584.49	1390.01	2271.22
微型企业	115.91	103.10	195.86
年末资产总计（亿元）	**16794.95**	**17914.61**	**20095.05**
大型企业	9508.13	11563.47	11401.49
中型企业	3534.54	3336.28	4394.04
小型企业	2831.13	2725.57	3897.60
微型企业	921.15	289.29	401.93
净利润（亿元）	**456.05**	**511.92**	**612.39**
大型企业	265.04	335.29	332.11
中型企业	124.12	95.93	151.16
小型企业	74.74	75.00	126.55
微型企业	−7.85	5.70	2.57
实际上缴税费总额（亿元）	**315.07**	**334.60**	**369.30**
大型企业	152.40	180.72	183.77
中型企业	80.42	79.01	89.30
小型企业	77.73	70.60	89.97
微型企业	4.53	4.27	6.27
出口总额（亿元）	**878.74**	**828.66**	**908.84**
大型企业	588.09	602.58	516.73
中型企业	137.90	113.52	212.78
小型企业	146.69	109.56	173.94
微型企业	6.06	2.99	5.40

表 8-2 国家级高新技术企业

项目	纳入统计企业数（个）	营业收入（万元）	# 技术收入	# 产品销售收入	# 高新技术产品销售收入
合计	**9095**	**137414347**	**20911908**	**107578900**	**87116391**
一、按企业规模分					
大型	180	77336957	15861733	55385337	43687976
中型	539	28380348	2832739	24091939	20036875
小型	4617	29115693	1940449	25894441	21471788
微型	3759	2581349	276986	2207183	1919752
二、按登记注册类型分					
内资企业	**8760**	**124269640**	**19004575**	**96755145**	**78016639**
国有企业	216	22757213	6567003	15788942	10909794
集体企业	9	61352	17277	43335	36121
股份合作企业	17	50012	1484	48081	38339
联营企业	9	11030	1417	9274	8570
有限责任公司	2624	61447996	8205443	47334825	38850229
股份有限公司	549	15263720	2273414	11918692	10321819
私营企业	5292	24116121	1826206	21191354	17454056
其他内资企业	44	562197	112332	420643	397711
港、澳、台商投资企业	**118**	**6224430**	**1441724**	**4488712**	**4019046**
与港、澳、台商合资经营企业	55	1469989	55778	1374286	1210811
港、澳、台商独资经营企业	57	4649306	1374235	3028986	2742125
港、澳、台商投资股份有限公司	3	50150	11711	30864	30864
其他港、澳、台商投资企业	3	54986	0	54575	35247
外商投资企业	**217**	**6920277**	**465609**	**6335042**	**5080706**
中外合资经营企业和中外合作经营企业	116	2099541	415784	1651099	1247546
外资企业	83	4341274	36805	4220942	3383766
外商投资股份有限公司	7	438691	12604	423280	415694
其他外商投资企业	11	40771	416	39722	33699
三、按国民经济行业分					
农、林、牧、渔业	**62**	**287454**	**18951**	**262959**	**235984**
农业	23	49217	283	48172	45038
林业	4	64187	0	62065	42651
畜牧业	4	15557	40	15308	13426
渔业	6	10664	4	10186	9578
农、林、牧、渔专业及辅助性活动	25	147829	18624	127228	125290
采矿业	**22**	**3451655**	**1047489**	**2128070**	**1850589**
煤炭开采和洗选业	3	19224	0	19224	18964
石油和天然气开采业	5	2213502	582622	1590335	1355836
非金属矿采选业	3	547266	0	319433	312764

主要经济指标（2021 年）

工业总产值（万元）	净利润（万元）	实际上缴税费总额（万元）	# 所得税	年末资产总计（万元）	出口总额（万元）
77391012	**6123893**	**3693039**	**1004698**	**200950536**	**9088434**
31361591	3321093	1837747	516295	114014925	5167278
21358567	1511597	892976	262674	43940374	2127796
22712212	1265544	899658	219047	38975977	1739389
1958643	25659	62658	6682	4019260	53972
67287477	**4687625**	**3019664**	**719857**	**181135271**	**7009692**
6191036	287281	497627	107323	34594672	95911
39756	2340	1477	115	84645	0
49324	570	1526	81	112866	1192
8760	−1704	350	3	37720	0
32284805	2623275	1370071	367425	83099913	4079309
9586479	1031763	539635	112574	32885977	1615824
18633302	742400	594072	130199	29527971	1147676
494015	1699	14907	2136	791507	69780
4038798	**743136**	**356760**	**141607**	**10234433**	**635717**
1251900	82691	58522	13424	2702766	130249
2715790	655407	293787	126907	7406991	499794
23520	3026	3096	1078	87805	944
47588	2012	1354	198	36872	4731
6064738	**693133**	**316615**	**143235**	**9580831**	**1443024**
1299693	197900	117682	53025	3295247	124873
4234692	441065	191885	85569	4809274	1010274
492634	56870	6520	4488	1400207	307777
37719	−2702	527	154	76103	100
24	**4942**	**6335**	**2258**	**1154097**	**927**
24	1426	283	51	63107	0
0	−7216	4870	1602	623727	0
0	−365	61	42	79137	0
0	201	862	478	33778	0
0	10896	259	84	354348	927
3118715	**−129284**	**75201**	**3651**	**8927030**	**16842**
19224	3740	2659	584	73264	0
2207672	−164766	37509	121	4866232	1927
223464	12681	11471	24	3389589	6602

项　目	纳入统计企业数（个）	营业收入（万元）	# 技术收入	# 产品销售收入	# 高新技术产品销售收入
开采专业及辅助活动和其他采矿业	11	671663	464867	199079	163025
制造业	**4864**	**76047213**	**658033**	**72320922**	**61116702**
农副食品加工业	39	640295	414	629029	495913
食品制造业	48	402697	109	390179	352749
酒、饮料和精制茶制造业	6	101452	0	95937	76859
纺织业	28	202128	533	197749	181801
纺织服装、服饰业	5	25678	0	24457	17025
皮革、毛皮、羽毛及其制品和制鞋业	5	70929	0	70769	59139
木材加工和木、竹、藤、棕、草制品业	19	75955	0	75520	67529
家具制造业	20	406563	0	387053	331478
造纸和纸制品业	59	1229581	1542	1209536	1154861
印刷和记录媒介复制业	53	427060	649	418293	351035
文教、工美、体育和娱乐用品制造业	49	287712	284	253617	197414
石油、煤炭及其他燃料加工业	28	363550	1227	332435	155652
化学原料和化学制品制造业	270	6355964	51747	6211089	5016507
医药制造业	129	3135527	121125	2922953	2683053
化学纤维制造业	5	4899	5	4890	4333
橡胶和塑料制品业	278	2361020	7136	2266134	1873605
非金属矿物制品业	147	2022655	24807	1935750	1696732
黑色金属冶炼和压延加工业	100	13663938	6676	13211694	11086763
有色金属冶炼和压延加工业	59	1774002	1700	1595888	1343510
金属制品业	443	6047894	14476	5785943	4750473
通用设备制造业	885	5004152	33722	4851812	4182267
专用设备制造业	679	5632019	85696	5257114	4377185
汽车制造业	218	3808898	20773	3596135	3039741
铁路、船舶、航空航天和其他运输设备制造业	172	4592159	23883	4526482	3419590
电气机械和器材制造业	350	5317708	96430	4926846	3990291
计算机、通信和其他电子设备制造业	248	9760963	79765	9032496	8354936
仪器仪表制造业	376	788235	26530	742523	635746
其他制造业	77	1247213	460	1142963	1008471
废弃资源综合利用业	13	82878	662	79913	76237
金属制品、机械和设备修理业	56	213489	57680	145723	135807
电力、热力、燃气及水生产和供应业	**81**	**2082307**	**108997**	**1863344**	**1603433**
电力、热力生产和供应业	50	1753779	96801	1558006	1343043
燃气生产和供应业	4	220555	0	219403	188902
水的生产和供应业	27	107974	12196	85935	71488
建筑业	**292**	**30029210**	**5841142**	**22004847**	**14790715**
房屋建筑业	47	9247252	433476	8643734	6154419

续表

工业总产值（万元）	净利润（万元）	实际上缴税费总额（万元）	# 所得税	年末资产总计（万元）	出口总额（万元）
668355	19061	23562	2922	597945	8312
71964569	**3981486**	**2105061**	**549192**	**94713917**	**8087892**
622758	59800	13853	8958	495538	57206
392830	−2286	11152	1753	937246	60738
87612	16934	7548	2876	122028	1352
196132	15951	12257	4391	311931	10974
23975	1710	2070	611	52730	2596
69060	237	881	112	56587	44413
68985	692	1200	65	75535	279
391609	21595	17714	2730	397689	38746
1225180	88517	37619	14170	1165153	4462
420847	7491	11419	1696	481858	10610
257338	10064	7394	1047	321363	86702
225663	−14636	15398	72	302403	3162
5608190	339411	254244	55630	8481496	407124
3192074	625452	224499	47055	9036710	648185
4395	−90	171	47	8551	1710
2046116	99701	76783	16575	2677440	96816
1806870	151546	96212	28962	2694161	148921
13199108	531042	178700	56948	6962600	132057
1583939	−57430	12963	1571	7124320	149041
5582722	108462	97570	19004	4417118	433486
4832560	312939	199499	58247	5473294	376136
5359677	330744	224037	46398	10090086	504154
3613105	67180	110199	30397	5350752	476358
4477599	149587	70580	19426	5351055	548038
4769928	201078	143649	35744	7507646	362367
9814831	811220	204449	82084	12059689	3199286
721038	73399	44463	8618	1093162	34447
1088915	23050	12061	2309	1153153	241101
79279	−1302	2430	264	195412	0
202233	9427	14047	1429	317213	7425
2000456	**−175779**	**41896**	**9596**	**5088286**	**0**
1685723	−203875	30525	6037	4209502	0
219393	14844	3420	1550	369715	0
95339	13251	7951	2009	509069	0
142192	**448333**	**526860**	**88469**	**46930614**	**90704**
88962	70856	137925	20903	13632426	0

项 目	纳入统计企业数（个）	营业收入（万元）	# 技术收入	# 产品销售收入	# 高新技术产品销售收入
土木工程建筑业	107	17187988	5071052	10157867	7103729
建筑安装业	99	3328095	290682	2992357	1369172
建筑装饰、装修和其他建筑业	39	265876	45933	210890	163395
批发和零售业	**160**	**1655391**	**78957**	**256512**	**209716**
批发业	134	1540011	25357	212750	168314
零售业	26	115380	53600	43763	41402
交通运输、仓储和邮政业	**32**	**583741**	**130828**	**397553**	**332552**
铁路运输业和道路运输业	13	144282	14723	126351	115762
水上运输业	5	104008	62068	41940	37952
航空运输业	3	2376	991	1384	1384
多式联运和运输代理业	3	76794	40229	824	824
装卸搬运和仓储业及邮政业	8	256282	12817	227054	176630
信息传输、软件和信息技术服务业	**1836**	**6581612**	**3998896**	**1952631**	**1715985**
电信、广播电视和卫星传输服务	26	64078	6007	52533	18180
互联网和相关服务	172	1694691	1413841	263311	235354
软件和信息技术服务业	1638	4822843	2579048	1636786	1462450
金融业、房地产业	**4**	**28495**	**26208**	**611**	**611**
租赁和商务服务业	**35**	**117636**	**55983**	**51461**	**47244**
租赁业	4	10783	264	9331	9331
商务服务业	31	106853	55718	42130	37913
科学研究和技术服务业	**1500**	**15635155**	**8699356**	**5723067**	**4630203**
研究和试验发展	237	964585	608925	341309	200648
专业技术服务业	714	13766602	7939060	4711778	3835671
科技推广和应用服务业	549	903968	151371	669980	593884
水利、环境和公共设施管理业	**150**	**430647**	**122038**	**294691**	**263209**
水利管理业	10	3538	623	2823	2741
生态保护和环境治理业	128	337412	97235	226418	200981
公共设施管理业	12	89698	24179	65450	59488
居民服务、修理和其他服务业	**28**	**104387**	**25665**	**77461**	**75576**
居民服务业	2	1099	345	754	754
机动车、电子产品和日用产品修理业	3	1127	628	137	137
其他服务业	23	102162	24692	76571	74686
教育	**5**	**76974**	**65730**	**0**	**0**
卫生和社会工作	**6**	**47332**	**21604**	**25627**	**25050**
文化、体育和娱乐业	**18**	**255136**	**12032**	**219143**	**218823**
广播、电视、电影和录音制作业	7	237460	6275	207223	206904
文化艺术业	9	17436	5575	11861	11861
体育及娱乐业	2	240	181	58	58

续表

工业总产值（万元）	净利润（万元）	实际上缴税费总额（万元）	# 所得税	年末资产总计（万元）	出口总额（万元）
24285	291065	311618	55497	29303121	2351
27310	71687	67404	8674	3538598	88353
1635	14726	9912	3395	456469	0
176	**4612**	**18755**	**6839**	**1189145**	**13631**
61	8354	16772	6814	1053629	7750
115	−3742	1983	25	135516	5881
80	**8995**	**23008**	**12507**	**1608357**	**106**
0	−833	1732	265	145011	0
80	8959	3580	1919	74541	0
0	−289	8	3	3889	0
0	2643	199	81	71803	106
0	−1484	17489	10239	1313114	0
7276	**924241**	**370822**	**152320**	**15722930**	**200619**
318	16542	1094	303	99083	74
10	334686	82549	40512	6011122	2170
6948	573013	287178	111504	9612725	198375
0	**3676**	**3635**	**289**	**166449**	**0**
290	**5765**	**4631**	**794**	**365384**	**15520**
0	190	35	4	25431	0
290	5576	4596	790	339953	15520
155042	**924814**	**477463**	**159960**	**23841275**	**660593**
116026	72084	32294	12498	2046425	202321
4976	813011	421282	139918	20216806	422386
34040	39719	23887	7545	1578043	35886
2181	**57513**	**21373**	**8591**	**701069**	**0**
3	−317	78	3	3108	0
2178	45239	16783	6563	550646	0
0	12591	4513	2025	147315	0
11	**14688**	**3223**	**670**	**116734**	**149**
0	−2	42	1	654	0
0	−118	0	0	1324	0
11	14808	3180	669	114757	149
0	**11272**	**3407**	**2186**	**68030**	**0**
0	**6868**	**1211**	**818**	**95179**	**30**
0	**31750**	**10158**	**6561**	**262041**	**1422**
0	30604	9988	6557	170562	1422
0	1089	166	2	90688	0
0	56	4	2	791	0

项　目	纳入统计企业数（个）	营业收入（万元）	# 技术收入	# 产品销售收入	# 高新技术产品销售收入
四、按行政区划分①					
和平区	144	1012886	93748	884991	615019
河东区	132	1951792	476274	1329017	204774
河西区	171	4064706	1940066	1338976	1137193
南开区	399	2083966	787060	1089069	822407
河北区	103	2545971	473825	740192	544087
红桥区	97	729573	254413	462319	376036
东丽区	458	7300121	176932	6924545	5063140
西青区	776	6788683	268495	6338911	4614339
津南区	720	5419664	62198	5129120	4158382
北辰区	576	8317795	343718	7586489	6550677
武清区	790	8307380	526682	7393484	6296348
宝坻区	251	3011869	86799	2766771	2382073
滨海新区	3890	71819601	15366845	51966369	42403612
# 开发区	880	16794911	2922033	12772480	11365493
保税区	498	25279093	7061431	16544820	12564524
高新区	1885	16396305	4021550	11225696	9042713
宁河区	117	4642431	1118	4607187	4378670
静海区	391	8534079	29621	8168702	6859476
蓟州区	80	883828	24113	852758	710157

注：①本章高新技术企业按行政区划分均根据其认定所在行政区划分。

续表

工业总产值（万元）	净利润（万元）	实际上缴税费总额（万元）		年末资产总计（万元）	出口总额（万元）
			# 所得税		
42098	30144	26069	3142	1118776	281
288434	51890	41643	6666	2317094	8151
304353	174379	80386	22306	7884574	24216
765513	160958	104256	19025	3943127	283877
140437	35734	41972	10733	2653805	11437
108848	45178	18091	2174	1333472	5933
5821881	338897	195259	42564	9119461	389232
5848848	335348	229884	63830	8660571	486375
4439669	171208	101353	19713	5663719	98360
6509387	620923	314379	70377	11330169	293345
5756984	334896	248223	66461	15612657	1074118
2599463	108779	68337	17106	4024126	179868
31690476	3199393	1949514	570675	118359036	5803762
12607489	1013204	492668	190924	28590940	3877761
6958158	717844	560309	122524	38108017	515045
6876917	1171096	576507	177946	30638519	873838
4537410	351317	130260	53411	3311812	28647
7859342	126415	106173	26830	4431635	396498
677869	38434	37240	9686	1186504	4334

表 8-3 国家级高新技术企业从业人员情况（2021 年）

单位：人

项　目	从业人员期末人数	# 留学归国人员	# 外籍常驻人员	# 本科及以上人员	# 中层及以上管理人员
合计	**767362**	**2532**	**388**	**310084**	**68660**
一、按企业规模分					
大型	314641	1365	56	150736	18893
中型	174476	484	97	63763	13244
小型	244064	545	213	81999	30119
微型	34181	138	22	13586	6404
二、按登记注册类型分					
内资企业	**688841**	**2222**	**177**	**284494**	**62805**
国有企业	107587	626	5	61473	9171
集体企业	833	1	0	213	58
股份合作企业	1000	0	0	165	131
联营企业	254	1	0	113	37
有限责任公司	283531	704	45	115707	23059
股份有限公司	91795	381	28	41138	7601
私营企业	195735	407	87	60678	22102
其他内资企业	8106	102	12	5007	646
港、澳、台商投资企业	**35255**	**56**	**19**	**10665**	**2360**
与港、澳、台商合资经营企业	14266	17	4	3839	1134
港、澳、台商独资经营企业	19588	34	12	6390	1135
港、澳、台商投资股份有限公司	854	4	0	294	47
其他港、澳、台商投资企业	547	1	3	142	44
外商投资企业	**43266**	**254**	**192**	**14925**	**3495**
中外合资经营企业和中外合作经营企业	18427	152	45	7206	1642
外资企业	23743	96	137	7182	1686
外商投资股份有限公司	619	4	8	366	101
其他外商投资企业	477	2	2	171	66
三、按国民经济行业分					
农、林、牧、渔业	**3352**	**11**	**1**	**757**	**327**
农业	905	2	0	191	132
林业	235	2	0	189	39
畜牧业	273	2	1	49	48
渔业	93	0	0	32	14
农、林、牧、渔专业及辅助性活动	1846	5	0	296	94
采矿业	**31826**	**56**	**0**	**12638**	**893**
煤炭开采和洗选业	355	0	0	87	53
石油和天然气开采业	22960	53	0	9353	401
非金属矿采选业	4196	0	0	934	194
开采专业及辅助活动和其他采矿业	4315	3	0	2264	245

续表

项　目	从业人员期末人数	# 留学归国人员	# 外籍常驻人员	# 本科及以上人员	# 中层及以上管理人员
制造业	**454703**	**701**	**298**	**122224**	**37753**
农副食品加工业	3354	6	11	927	378
食品制造业	4027	3	3	1111	486
酒、饮料和精制茶制造业	738	0	0	178	55
纺织业	3682	0	0	525	341
纺织服装、服饰业	739	0	0	120	32
皮革、毛皮、羽毛及其制品和制鞋业	1819	0	0	81	98
木材加工和木、竹、藤、棕、草制品业	646	0	1	112	96
家具制造业	8372	3	0	655	314
造纸和纸制品业	5565	3	0	793	442
印刷和记录媒介复制业	4942	2	0	787	429
文教、工美、体育和娱乐用品制造业	4452	7	0	531	413
石油、煤炭及其他燃料加工业	2670	0	1	761	312
化学原料和化学制品制造业	23212	28	9	7801	2150
医药制造业	32084	182	38	15854	2778
化学纤维制造业	115	2	0	32	17
橡胶和塑料制品业	18734	11	21	2959	1839
非金属矿物制品业	15405	8	2	2960	1386
黑色金属冶炼和压延加工业	25340	3	10	2788	1170
有色金属冶炼和压延加工业	7794	20	4	1321	445
金属制品业	31517	20	9	4634	2763
通用设备制造业	44368	67	25	12189	4538
专用设备制造业	48172	99	42	15881	4859
汽车制造业	34111	37	64	5792	2385
铁路、船舶、航空航天和其他运输设备制造业	28415	35	1	7489	1834
电气机械和器材制造业	34026	56	15	10572	2817
计算机、通信和其他电子设备制造业	47415	77	35	17965	2700
仪器仪表制造业	12552	20	2	4905	1697
其他制造业	5689	8	4	1084	494
废弃资源综合利用业	596	1	0	165	107
金属制品、机械和设备修理业	4152	3	1	1252	378
电力、热力、燃气及水生产和供应业	**7181**	**28**	**0**	**3774**	**855**
电力、热力生产和供应业	5407	20	0	2972	628
燃气生产和供应业	748	3	0	333	74
水的生产和供应业	1026	5	0	469	153
建筑业	**90919**	**128**	**12**	**51814**	**10382**
房屋建筑业	21750	27	0	13105	1774
土木工程建筑业	50262	82	1	30272	5479
建筑安装业	16992	12	11	7650	2873

续表

项　目	从业人员期末人数	# 留学归国人员	# 外籍常驻人员	# 本科及以上人员	# 中层及以上管理人员
建筑装饰、装修和其他建筑业	1915	7	0	787	256
批发和零售业	**3564**	**27**	**1**	**1602**	**609**
批发业	2838	22	0	1291	493
零售业	726	5	1	311	116
交通运输、仓储和邮政业	**3531**	**7**	**0**	**1835**	**425**
铁路运输业和道路运输业	652	0	0	369	91
水上运输业	484	0	0	253	40
航空运输业	41	0	0	9	12
多式联运和运输代理业	353	0	0	233	62
装卸搬运和仓储业及邮政业	2001	7	0	971	220
信息传输、软件和信息技术服务业	**64619**	**486**	**18**	**42348**	**7040**
电信、广播电视和卫星传输服务	843	8	0	549	96
互联网和相关服务	8709	40	1	4537	778
软件和信息技术服务业	55067	438	17	37262	6166
金融业、房地产业	**110**	**4**	**0**	**84**	**22**
租赁和商务服务业	**903**	**17**	**0**	**454**	**140**
租赁业	172	1	0	26	15
商务服务业	731	16	0	428	125
科学研究和技术服务业	**100102**	**1001**	**54**	**69061**	**9434**
研究和试验发展	15622	122	10	11682	1424
专业技术服务业	74273	796	38	52210	6520
科技推广和应用服务业	10207	83	6	5169	1490
水利、环境和公共设施管理业	**3764**	**12**	**1**	**1604**	**477**
水利管理业	105	0	0	54	21
生态保护和环境治理业	3122	12	1	1361	401
公共设施管理业	537	0	0	189	55
居民服务、修理和其他服务业	**855**	**4**	**1**	**458**	**123**
居民服务业	18	2	0	8	1
机动车、电子产品和日用产品修理业	45	0	0	16	8
其他服务业	792	2	1	434	114
教育	**568**	**24**	**1**	**401**	**56**
卫生和社会工作	**572**	**10**	**1**	**382**	**31**
文化、体育和娱乐业	**793**	**16**	**0**	**648**	**93**
广播、电视、电影和录音制作业	651	16	0	572	69
文化艺术业	118	0	0	69	21
体育及娱乐业	24	0	0	7	3
四、按行政区划分					
和平区	7656	41	0	5553	778
河东区	10767	35	0	5584	1538

续表

项　目	从业人员期末人数	# 留学归国人员	# 外籍常驻人员	# 本科及以上人员	# 中层及以上管理人员
河西区	18397	151	1	13315	1623
南开区	21922	165	1	13629	2390
河北区	7703	16	1	4176	1065
红桥区	5252	22	1	3333	742
东丽区	41585	80	22	12482	2947
西青区	49051	103	42	15974	4830
津南区	33471	35	16	9056	3741
北辰区	50343	147	34	16217	4464
武清区	65499	121	48	18635	5892
宝坻区	27836	15	8	4108	2440
滨海新区	367332	1579	206	180249	31629
# 开发区	115441	566	114	51793	8004
保税区	86298	409	21	46364	5798
高新区	106825	419	59	59572	11430
宁河区	16264	5	1	2038	844
静海区	37584	15	7	4605	3117
蓟州区	6700	2	0	1130	620

表 8-4　国家级高新技术企业

项　目	研究开发费用合计	人员人工费用	直接投入费用	折旧费用与长期待摊费用	无形资产摊销费用	设计费用	装备调试费用与试验费用
合计	**6604109**	**2357939**	**2990602**	**282287**	**63302**	**58556**	**138794**
一、按企业规模分							
大型	3251023	966004	1605973	111565	16965	16505	78993
中型	1424900	562973	613178	74677	12009	20295	30966
小型	1714395	731786	686961	89150	32440	18835	24187
微型	213791	97175	84490	6896	1888	2923	4647
二、按登记注册类型分							
内资企业	**5963766**	**2058385**	**2801419**	**232754**	**54286**	**50916**	**129109**
国有企业	1004916	299362	468773	18562	2699	7963	50424
集体企业	3382	1380	1605	149	10	62	163
股份合作企业	2621	1015	1390	184	0	2	6
联营企业	1165	647	216	114	18	12	3
有限责任公司	2751341	920368	1350211	89738	27362	21741	37923
股份有限公司	912356	304785	373936	71414	16433	7661	21246
私营企业	1247961	507019	597064	50379	7722	12976	15408
其他内资企业	40025	23808	8225	2214	41	499	3936
港、澳、台商投资企业	**300882**	**169249**	**79372**	**14344**	**4227**	**3894**	**1063**
与港、澳、台商合资经营企业	73598	37350	25806	4087	165	535	159
港、澳、台商独资经营企业	223112	129202	52714	9970	4056	3154	857
港、澳、台商投资股份有限公司	2073	1597	209	13	6	205	0
其他港、澳、台商投资企业	2098	1099	643	273	0	0	47
外商投资企业	**339462**	**130305**	**109811**	**35190**	**4790**	**3746**	**8621**
中外合资经营企业和中外合作经营企业	146942	61219	37913	10513	3651	1138	5595
外资企业	166250	61819	58483	22935	328	2590	2495
外商投资股份有限公司	23295	6044	12230	1329	810	14	491
其他外商投资企业	2975	1223	1185	413	0	3	39
三、按国民经济行业分							
农、林、牧、渔业	**15352**	**7084**	**6276**	**1203**	**2**	**2**	**105**
农业	2778	1048	1445	115	1	1	58
林业	3094	1924	362	443	0	0	0
畜牧业	1257	518	174	477	0	0	47
渔业	1823	248	1523	18	0	1	0
农、林、牧、渔专业及辅助性活动	6400	3347	2772	150	1	0	0
采矿业	**123934**	**21818**	**35302**	**3218**	**99**	**484**	**47079**
煤炭开采和洗选业	920	503	381	7	0	4	0
石油和天然气开采业	84990	7115	17390	482	0	0	46936
非金属矿采选业	17253	5182	9700	1109	0	368	0

研究开发活动经费情况（2021 年）

单位：万元

委托外部研究开发费用	委托境内研究机构	委托境内高等学校	委托境内企业	委托境外机构	其他费用	当年形成用于研究开发的固定资产	# 仪器和设备
468858	**31388**	**16460**	**311056**	**72789**	**243771**	**282000**	**234410**
312088	17393	10325	194612	67920	142930	129341	114428
55573	3861	2173	42589	4168	55229	85309	67896
89278	9200	3430	65664	702	41758	62891	48184
11918	933	532	8192	0	3854	4460	3902
414860	**24981**	**15668**	**269887**	**68901**	**222036**	**243727**	**203186**
102129	1766	4616	94531	21	55003	34951	31185
0	0	0	0	0	12	0	0
2	0	0	0	0	22	247	1
70	0	0	0	0	85	89	89
206603	15092	2564	114907	67686	97396	95914	72630
73184	3247	6310	41854	728	43697	65939	57266
32657	4875	2115	18444	466	24735	42200	37631
215	0	63	152	0	1086	4386	4385
15552	**4538**	**656**	**6170**	**3868**	**13180**	**17893**	**16702**
1751	0	656	992	103	3745	4499	4017
13802	4538	0	5178	3765	9357	13395	12685
0	0	0	0	0	43	0	0
0	0	0	0	0	36	0	0
38445	**1869**	**136**	**34999**	**20**	**8554**	**20380**	**14521**
24530	1869	136	22360	0	2382	3557	3403
11786	0	0	10509	20	5814	11302	10080
2130	0	0	2130	0	248	5324	842
0	0	0	0	0	111	197	196
266	**0**	**0**	**266**	**0**	**412**	**55**	**51**
9	0	0	9	0	100	7	7
249	0	0	249	0	117	35	35
0	0	0	0	0	41	0	0
0	0	0	0	0	33	0	0
8	0	0	8	0	123	13	9
3795	**652**	**789**	**2354**	**0**	**12140**	**9715**	**6671**
9	0	0	9	0	17	0	0
2246	2	561	1683	0	10820	6235	4345
741	280	4	457	0	153	354	354

项　目	研究开发费用合计	人员人工费用	直接投入费用	折旧费用与长期待摊费用	无形资产摊销费用	设计费用	装备调试费用与试验费用
开采专业及辅助活动和其他采矿业	20772	9017	7831	1621	99	112	143
制造业	**3605356**	**1135330**	**1854105**	**187155**	**46549**	**31650**	**62270**
农副食品加工业	26448	9289	14326	1639	6	17	38
食品制造业	17928	5962	8859	1073	28	223	407
酒、饮料和精制茶制造业	3479	859	2383	113	0	0	0
纺织业	10020	3367	5532	467	0	435	9
纺织服装、服饰业	1387	1102	201	48	3	0	4
皮革、毛皮、羽毛及其制品和制鞋业	2998	1183	1635	152	0	0	0
木材加工和木、竹、藤、棕、草制品业	3719	1011	2436	200	1	26	0
家具制造业	17132	9313	6885	576	14	185	0
造纸和纸制品业	49240	13532	33642	1604	0	119	28
印刷和记录媒介复制业	19445	7144	9993	1736	240	56	83
文教、工美、体育和娱乐用品制造业	13265	5528	5324	377	36	133	814
石油、煤炭及其他燃料加工业	11424	5183	4611	858	1	1	43
化学原料和化学制品制造业	244134	73740	126535	16565	566	281	10065
医药制造业	284556	85472	124816	19375	3240	930	19208
化学纤维制造业	379	213	117	21	18	5	0
橡胶和塑料制品业	99459	31494	56544	7107	288	889	556
非金属矿物制品业	91873	29400	52263	5826	43	107	1970
黑色金属冶炼和压延加工业	436836	33165	391966	7664	33	0	227
有色金属冶炼和压延加工业	55915	9144	43715	2082	267	64	9
金属制品业	226899	54407	152840	12890	1336	931	870
通用设备制造业	238821	98390	109977	10756	1596	4821	1823
专用设备制造业	325452	147849	122421	14189	4531	5504	11718
汽车制造业	173846	67601	65492	25197	1114	3542	1939
铁路、船舶、航空航天和其他运输设备制造业	243699	75005	125325	8376	1358	9016	944
电气机械和器材制造业	253382	84036	137608	12783	897	1516	6424
计算机、通信和其他电子设备制造业	631846	225402	196975	29977	30442	2285	4037
仪器仪表制造业	63508	35812	19420	2126	343	478	964
其他制造业	44445	13347	26887	2827	88	49	55
废弃资源综合利用业	3589	1388	1758	198	62	40	33
金属制品、机械和设备修理业	10233	5993	3619	351	0	0	2
电力、热力、燃气及水生产和供应业	**74239**	**22518**	**43690**	**4592**	**219**	**114**	**1123**
电力、热力生产和供应业	60941	17080	39247	1519	108	95	1123
燃气生产和供应业	7398	2800	1653	2835	0	0	0
水的生产和供应业	5901	2639	2791	238	111	20	0
建筑业	**1037720**	**218970**	**752364**	**10103**	**289**	**2136**	**12553**
房屋建筑业	316530	55300	257308	1994	4	271	154

续表

委托外部研究开发费用	委托境内研究机构	委托境内高等学校	委托境内企业	委托境外机构	其他费用	当年形成用于研究开发的固定资产	# 仪器和设备
799	370	223	206	0	1150	3126	1972
183097	**12945**	**5199**	**64043**	**71158**	**105199**	**187465**	**145323**
42	0	40	0	0	1092	1369	1307
795	69	677	29	20	581	432	389
0	0	0	0	0	125	9	9
45	0	45	0	0	164	779	519
0	0	0	0	0	30	0	0
0	0	0	0	0	28	40	40
4	0	4	0	0	40	0	0
50	0	0	50	0	109	37	37
0	0	0	0	0	315	72	72
46	46	0	0	0	148	9116	9041
752	1	193	0	555	302	818	797
354	0	0	354	0	373	509	454
8702	4230	1092	2628	574	7678	9471	6980
15886	4068	1154	10610	0	15629	21000	18998
0	0	0	0	0	6	24	24
1002	118	7	855	0	1580	7611	6640
629	4	16	346	210	1636	10180	10104
0	0	0	0	0	3781	4257	4186
15	0	15	0	0	621	365	365
1559	46	146	428	0	2066	9887	9592
4658	304	94	3945	32	6801	9154	8621
6825	1689	1052	1653	2147	12415	23802	16694
5195	118	21	4773	0	3766	8733	7168
17006	4	238	12346	9	6670	25675	9404
4568	357	59	1325	1261	5548	7150	5784
111974	1573	219	23122	66169	30754	31939	24108
2244	52	111	1138	182	2121	2316	2240
498	264	18	206	0	694	2609	1646
62	0	0	62	0	48	8	3
187	0	0	174	0	81	102	102
1619	**0**	**43**	**1576**	**0**	**363**	**427**	**180**
1578	0	43	1535	0	191	423	176
0	0	0	0	0	110	0	0
41	0	0	41	0	62	4	4
19237	**384**	**230**	**18492**	**98**	**22069**	**5986**	**5944**
201	0	0	166	13	1298	1681	1681

项　目	研究开发费用合计	人员人工费用	直接投入费用	折旧费用与长期待摊费用	无形资产摊销费用	设计费用	装备调试费用与试验费用
土木工程建筑业	593155	115825	421613	6732	123	1387	11908
建筑安装业	116365	41557	68470	1262	120	470	489
建筑装饰、装修和其他建筑业	11669	6287	4973	115	42	8	2
批发和零售业	**33548**	**18943**	**7801**	**392**	**252**	**334**	**158**
批发业	26191	12923	6818	311	246	129	157
零售业	7357	6020	983	81	6	205	0
交通运输、仓储和邮政业	**23849**	**12689**	**7316**	**3098**	**79**	**340**	**0**
铁路运输业和道路运输业	5502	1715	2281	1319	0	120	0
水上运输业	4054	1331	2586	105	0	0	0
航空运输业	172	66	80	1	0	0	0
多式联运和运输代理业	1726	1517	135	0	52	0	0
装卸搬运和仓储业及邮政业	12395	8061	2235	1673	27	220	0
信息传输、软件和信息技术服务业	**794507**	**493438**	**69657**	**18651**	**11491**	**11211**	**7310**
电信、广播电视和卫星传输服务	5917	4284	624	67	0	2	1
互联网和相关服务	117244	69694	11068	6270	4334	551	79
软件和信息技术服务业	671347	419459	57965	12314	7157	10658	7230
金融业、房地产业	**1544**	**1376**	**130**	**0**	**0**	**0**	**0**
租赁和商务服务业	**4386**	**2618**	**851**	**222**	**47**	**75**	**4**
租赁业	1039	666	244	41	0	2	0
商务服务业	3347	1952	607	181	47	73	4
科学研究和技术服务业	**831869**	**387959**	**198019**	**52380**	**4194**	**10289**	**7745**
研究和试验发展	162669	59689	35405	7756	441	4827	6600
专业技术服务业	603352	292165	141669	41856	3273	4597	770
科技推广和应用服务业	65848	36105	20945	2767	480	864	375
水利、环境和公共设施管理业	**24585**	**13651**	**7850**	**979**	**15**	**273**	**420**
水利管理业	251	182	53	0	0	2	3
生态保护和环境治理业	20901	11563	6762	715	15	270	405
公共设施管理业	3433	1906	1035	264	0	0	12
居民服务、修理和其他服务业	**4262**	**2002**	**2174**	**12**	**0**	**3**	**1**
居民服务业	115	49	60	0	0	0	0
机动车、电子产品和日用产品修理业	131	49	29	1	0	0	0
其他服务业	4017	1903	2085	11	0	3	0
教育	**10830**	**10122**	**668**	**0**	**27**	**0**	**0**
卫生和社会工作	**4599**	**1500**	**2649**	**267**	**1**	**0**	**26**
文化、体育和娱乐业	**13529**	**7922**	**1749**	**13**	**39**	**1646**	**0**
广播、电视、电影和录音制作业	11023	7168	1690	13	0	0	0
文化艺术业	2494	741	59	0	39	1646	0
体育及娱乐业	12	12	0	0	0	0	0

续表

委托外部研究开发费用	委托境内研究机构	委托境内高等学校	委托境内企业	委托境外机构	其他费用	当年形成用于研究开发的固定资产	# 仪器和设备
18233	212	114	17908	0	17334	3803	3764
783	158	114	417	85	3214	496	493
19	14	3	2	0	224	7	6
4195	**0**	**0**	**3845**	**0**	**1474**	**331**	**294**
4190	0	0	3845	0	1415	112	112
4	0	0	0	0	59	220	182
38	**0**	**0**	**38**	**0**	**289**	**0**	**0**
0	0	0	0	0	67	0	0
0	0	0	0	0	34	0	0
0	0	0	0	0	25	0	0
6	0	0	6	0	16	0	0
32	0	0	32	0	147	0	0
128906	**4934**	**562**	**119367**	**1283**	**53843**	**20797**	**19645**
875	0	0	0	0	62	0	0
3019	1011	0	994	0	22230	12206	12081
125012	3924	562	118374	1283	31552	8591	7564
22	**0**	**0**	**22**	**0**	**16**	**0**	**0**
339	**47**	**0**	**0**	**0**	**232**	**36**	**36**
47	47	0	0	0	40	35	35
291	0	0	0	0	192	1	1
124304	**11760**	**7532**	**100796**	**251**	**46978**	**55453**	**54532**
16017	8871	377	4697	173	31932	16019	15566
106076	2342	7099	94665	78	12945	37041	36700
2211	547	56	1435	0	2101	2394	2265
908	**665**	**19**	**209**	**0**	**488**	**184**	**183**
9	0	9	0	0	2	0	0
711	665	10	21	0	459	122	122
188	0	0	188	0	28	62	62
2	**0**	**0**	**2**	**0**	**69**	**0**	**0**
0	0	0	0	0	5	0	0
2	0	0	2	0	49	0	0
0	0	0	0	0	14	0	0
0	**0**	**0**	**0**	**0**	**13**	**0**	**0**
1	**0**	**0**	**1**	**0**	**155**	**0**	**0**
2131	**0**	**2086**	**45**	**0**	**29**	**1551**	**1551**
2131	0	2086	45	0	20	1551	1551
0	0	0	0	0	9	0	0
0	0	0	0	0	0	0	0

项　目	研究开发费用合计	人员人工费用	直接投入费用	折旧费用与长期待摊费用	无形资产摊销费用	设计费用	装备调试费用与试验费用
四、按行政区划分							
和平区	45894	27499	14100	771	85	1343	252
河东区	73803	30203	40954	1091	3	124	157
河西区	182739	81150	75532	1686	305	277	2547
南开区	162941	78097	36832	4814	374	1772	1032
河北区	65374	22776	32403	1069	326	103	1803
红桥区	50189	21431	22387	2498	18	1327	32
东丽区	300598	84972	176189	25099	802	2524	1745
西青区	335550	113160	161966	20498	1732	2401	9371
津南区	235176	73865	141394	10066	688	2390	709
北辰区	358256	135863	165422	18878	5344	8023	4866
武清区	446264	175140	180980	17870	2684	9072	6207
宝坻区	130725	44449	73214	6408	453	1670	1284
滨海新区	3743971	1377785	1528536	153324	49867	25071	105596
# 开发区	1033677	388493	352342	34696	11477	4386	62232
保税区	1053478	304884	521561	45819	5850	13692	16267
高新区	1110157	476572	362074	56611	31415	4767	25051
宁河区	161857	21237	136135	3018	18	21	196
静海区	276772	59797	184259	13733	598	2435	1443
蓟州区	34000	10515	20298	1464	5	5	1554

续表

委托外部研究开发费用	委托境内研究机构	委托境内高等学校	委托境内企业	委托境外机构	其他费用	当年形成用于研究开发的固定资产	# 仪器和设备
1491	90	238	1084	0	353	401	393
447	0	38	371	0	824	300	180
13189	937	333	11750	40	8053	4287	3932
10248	1695	1455	6146	0	29771	8684	7844
4615	567	45	3995	0	2279	1820	1734
722	12	0	422	0	1776	2958	2925
4607	474	180	3419	116	4660	21947	21824
16467	2594	656	12975	34	9955	17101	14984
1417	581	93	643	0	4647	13130	6981
6870	256	737	5333	147	12990	15044	13783
39226	987	800	35161	1463	15084	8423	7225
516	86	60	332	0	2732	2764	2719
360653	22910	11799	222226	70989	143139	155133	136389
134704	6409	1177	36403	67998	45347	69031	59005
124208	4855	3486	113580	2052	21198	20959	18651
88243	9898	6240	62556	901	65423	55557	51874
607	0	9	598	0	625	5089	5086
7784	199	17	6603	0	6723	23423	7110
0	0	0	0	0	160	1496	1301

表 8-5　国家级高新技术企业科技项目情况（2021 年）

项　目	项目数（项）	参加项目人员（人）	项目折合全时人员（人年）	项目经费内部支出（万元）
合计	**53850**	**352000**	**147353**	**6253759**
一、按企业规模分				
大型	8792	99954	50150	3035809
中型	6779	67744	30899	1361988
小型	24622	144909	54151	1654221
微型	13657	39393	12154	201741
二、按登记注册类型分				
内资企业	**51250**	**327019**	**135222**	**5659269**
国有企业	4851	37931	19512	948840
集体企业	74	466	136	3208
股份合作企业	66	283	161	2621
联营企业	45	149	79	1165
有限责任公司	17547	137329	54309	2584015
股份有限公司	4495	32913	15452	863578
私营企业	23929	113996	42563	1215946
其他内资企业	243	3952	3012	39897
港、澳、台商投资企业	**1106**	**11257**	**5780**	**286008**
与港、澳、台商合资经营企业	570	4519	2087	71306
港、澳、台商独资经营企业	499	6462	3509	210531
港、澳、台商投资股份有限公司	18	193	111	2073
其他港、澳、台商投资企业	19	83	73	2098
外商投资企业	**1494**	**13724**	**6351**	**308481**
中外合资经营企业和中外合作经营企业	730	6179	2895	124573
外资企业	659	6271	3201	157963
外商投资股份有限公司	63	1058	169	23126
其他外商投资企业	42	216	86	2819
三、按国民经济行业分				
农、林、牧、渔业	**239**	**1622**	**601**	**14881**
农业	88	495	166	2754
林业	23	177	101	2871
畜牧业	11	87	41	1167
渔业	23	88	31	1823
农、林、牧、渔专业及辅助性活动	94	775	262	6265
采矿业	**735**	**6198**	**2142**	**122806**
煤炭开采和洗选业	11	77	46	920
石油和天然气开采业	447	3308	1221	83941
非金属矿采选业	91	534	385	17253
开采专业及辅助活动和其他采矿业	186	2279	490	20692

续表

项　目	项目数（项）	参加项目人员（人）	项目折合全时人员（人年）	项目经费内部支出（万元）
制造业	**28688**	**195770**	**82434**	**3482976**
农副食品加工业	259	1196	635	26448
食品制造业	294	1661	654	17206
酒、饮料和精制茶制造业	52	130	68	3458
纺织业	142	971	576	9975
纺织服装、服饰业	25	163	89	1387
皮革、毛皮、羽毛及其制品和制鞋业	34	364	164	2998
木材加工和木、竹、藤、棕、草制品业	86	298	127	3700
家具制造业	197	1958	1110	17082
造纸和纸制品业	285	2252	826	49158
印刷和记录媒介复制业	243	1728	741	19390
文教、工美、体育和娱乐用品制造业	224	1432	671	12679
石油、煤炭及其他燃料加工业	142	668	302	10850
化学原料和化学制品制造业	1679	10207	4738	241690
医药制造业	1274	10372	6057	278608
化学纤维制造业	22	45	32	379
橡胶和塑料制品业	1381	8534	3158	99263
非金属矿物制品业	788	5408	2413	91332
黑色金属冶炼和压延加工业	867	7023	3341	436759
有色金属冶炼和压延加工业	336	2118	927	55800
金属制品业	2205	11528	5083	225652
通用设备制造业	4482	22598	7958	235752
专用设备制造业	4016	24321	9248	321954
汽车制造业	1509	11895	4979	170720
铁路、船舶、航空航天和其他运输设备制造业	1418	16985	6177	232155
电气机械和器材制造业	2053	12363	6025	252470
计算机、通信和其他电子设备制造业	2016	27142	11660	545732
仪器仪表制造业	1913	8298	2985	62588
其他制造业	441	2735	1100	44164
废弃资源综合利用业	63	275	106	3589
金属制品、机械和设备修理业	242	1102	489	10038
电力、热力、燃气及水生产和供应业	**400**	**2777**	**1364**	**73999**
电力、热力生产和供应业	268	1874	1017	60712
燃气生产和供应业	30	241	165	7398
水的生产和供应业	102	662	183	5890
建筑业	**3858**	**29205**	**14308**	**1033463**
房屋建筑业	1162	10633	4356	316076
土木工程建筑业	1830	13139	6831	591626
建筑安装业	645	4577	2722	114096

续表

项　目	项目数（项）	参加项目人员（人）	项目折合全时人员（人年）	项目经费内部支出（万元）
建筑装饰、装修和其他建筑业	221	856	400	11666
批发和零售业	**709**	**2986**	**1002**	**33322**
批发业	632	2534	814	25972
零售业	77	452	187	7350
交通运输、仓储和邮政业	**200**	**1697**	**642**	**23837**
铁路运输业和道路运输业	58	255	103	5497
水上运输业	40	243	74	4054
航空运输业	8	50	14	172
多式联运和运输代理业	10	119	86	1719
装卸搬运和仓储业及邮政业	84	1030	364	12395
信息传输、软件和信息技术服务业	**7959**	**51449**	**21577**	**644133**
电信、广播电视和卫星传输服务	117	630	215	5855
互联网和相关服务	715	4716	2083	88412
软件和信息技术服务业	7127	46103	19279	549866
金融业、房地产业	**28**	**102**	**35**	**1544**
租赁和商务服务业	**137**	**591**	**199**	**4050**
租赁业	11	123	42	986
商务服务业	126	468	157	3064
科学研究和技术服务业	**10000**	**55410**	**21412**	**769474**
研究和试验发展	2034	10039	4841	157551
专业技术服务业	5794	37345	13641	548570
科技推广和应用服务业	2172	8026	2930	63352
水利、环境和公共设施管理业	**569**	**2648**	**1027**	**23842**
水利管理业	34	97	32	251
生态保护和环境治理业	488	2173	835	20203
公共设施管理业	47	378	160	3388
居民服务、修理和其他服务业	**131**	**530**	**154**	**4256**
居民服务业	8	17	5	115
机动车、电子产品和日用产品修理业	10	18	8	131
其他服务业	113	495	141	4010
教育	**30**	**161**	**84**	**3093**
卫生和社会工作	**39**	**243**	**140**	**4599**
文化、体育和娱乐业	**128**	**611**	**232**	**13484**
广播、电视、电影和录音制作业	73	413	184	10978
文化艺术业	47	170	43	2494
体育及娱乐业	8	28	5	12
四、按行政区划分				
和平区	680	3063	1427	44713
河东区	673	3841	2135	73444

续表

项　目	项目数（项）	参加项目人员（人）	项目折合全时人员（人年）	项目经费内部支出（万元）
河西区	1600	10365	3653	181599
南开区	2438	12817	6236	159260
河北区	553	2914	1539	64639
红桥区	558	2852	1336	49298
东丽区	2873	20545	7546	299345
西青区	4441	25715	9567	323597
津南区	3233	16137	6103	234002
北辰区	3489	20082	8653	352409
武清区	4204	25855	10735	411443
宝坻区	1515	9264	4173	130414
滨海新区	24505	174067	75210	3465527
# 开发区	6216	53062	21392	928954
保税区	4821	36492	17368	983601
高新区	9721	59654	25832	1024178
宁河区	588	4106	2013	161136
静海区	2100	17447	5867	268973
蓟州区	400	2930	1160	33960

表 8-6　国家级高新技术企业办科技机构情况（2021 年）

项　目	机构数（个）	研究开发人员（人）	#博士	#硕士	机构研究开发费用（万元）
合计	**1367**	**69861**	**1184**	**11634**	**2560326**
一、按企业规模分					
大型	189	33473	645	6752	1363956
中型	285	20155	295	2942	731341
小型	701	15463	234	1891	452222
微型	192	770	10	49	12808
二、按登记注册类型分					
内资企业	**1259**	**62613**	**1126**	**10921**	**2277700**
国有企业	120	9685	212	2162	383564
集体企业	2	41	0	0	1399
股份合作企业	2	14	0	0	91
联营企业	1	58	1	14	501
有限责任公司	459	27277	417	4087	997885
股份有限公司	164	12321	229	2896	567172
私营企业	502	10749	124	1093	304686
其他内资企业	9	2468	143	669	22400
港、澳、台商投资企业	**37**	**3523**	**25**	**247**	**127376**
与港、澳、台商合资经营企业	21	1486	7	85	33386
港、澳、台商独资经营企业	14	1968	18	155	92346
港、澳、台商投资股份有限公司	0	0	0	0	0
其他港、澳、台商投资企业	2	69	0	7	1645
外商投资企业	**71**	**3725**	**33**	**466**	**155250**
中外合资经营企业和中外合作经营企业	32	1336	11	110	53176
外资企业	35	2174	14	306	78356
外商投资股份有限公司	2	171	7	47	22320
其他外商投资企业	2	44	1	3	1398
三、按国民经济行业分					
农、林、牧、渔业	**15**	**229**	**5**	**47**	**4215**
农业	2	48	1	0	600
林业	5	141	2	38	2262
畜牧业	2	15	0	3	78
渔业	2	3	0	2	986
农、林、牧、渔专业及辅助性活动	4	22	2	4	289
采矿业	**11**	**1127**	**35**	**215**	**36819**
煤炭开采和洗选业	1	39	0	0	695
石油和天然气开采业	2	672	23	117	21303
非金属矿采选业	3	146	0	31	5260
开采专业及辅助活动和其他采矿业	5	270	12	67	9561

续表

项　目	机构数（个）	研究开发人员（人）			机构研究开发费用（万元）
			#博士	#硕士	
制造业	**922**	**45170**	**643**	**6550**	**1653432**
农副食品加工业	16	400	4	57	9493
食品制造业	7	232	13	16	6278
酒、饮料和精制茶制造业	1	15	0	1	74
纺织业	4	132	0	1	2362
纺织服装、服饰业	1	62	0	0	808
皮革、毛皮、羽毛及其制品和制鞋业	2	207	0	0	1716
木材加工和木、竹、藤、棕、草制品业	2	25	0	4	1179
家具制造业	4	601	0	8	8982
造纸和纸制品业	8	556	1	14	36603
印刷和记录媒介复制业	2	162	0	0	3514
文教、工美、体育和娱乐用品制造业	8	308	0	8	5631
石油、煤炭及其他燃料加工业	5	92	0	3	5228
化学原料和化学制品制造业	78	3023	71	544	137168
医药制造业	48	5122	246	1392	117702
化学纤维制造业	1	9	0	0	126
橡胶和塑料制品业	58	1506	6	57	44559
非金属矿物制品业	34	1441	11	82	49246
黑色金属冶炼和压延加工业	14	1543	1	67	123171
有色金属冶炼和压延加工业	19	581	10	62	19089
金属制品业	66	2344	29	73	108942
通用设备制造业	113	2850	22	299	88421
专用设备制造业	141	4738	61	802	149872
汽车制造业	59	2796	13	125	78299
铁路、船舶、航空航天和其他运输设备制造业	40	2882	17	581	87149
电气机械和器材制造业	72	3268	53	573	126949
计算机、通信和其他电子设备制造业	66	8724	65	1615	391390
仪器仪表制造业	35	897	18	99	14498
其他制造业	11	518	1	63	32161
废弃资源综合利用业	5	47	1	3	1507
金属制品、机械和设备修理业	2	89	0	1	1316
电力、热力、燃气及水生产和供应业	**9**	**392**	**4**	**44**	**13291**
电力、热力生产和供应业	4	186	3	29	5752
燃气生产和供应业	3	164	0	13	6935
水的生产和供应业	2	42	1	2	604
建筑业	**71**	**7927**	**37**	**505**	**342364**
房屋建筑业	10	2213	8	175	104815
土木工程建筑业	41	3647	28	293	141764
建筑安装业	13	1953	1	37	91092

续表

项　目	机构数（个）	研究开发人员（人）	#博士	#硕士	机构研究开发费用（万元）
建筑装饰、装修和其他建筑业	7	114	0	0	4692
批发和零售业	**4**	**154**	**3**	**49**	**9890**
批发业	4	154	3	49	9890
零售业	0	0	0	0	0
交通运输、仓储和邮政业	**16**	**48**	**0**	**1**	**3509**
铁路运输业和道路运输业	15	21	0	0	3187
水上运输业	0	0	0	0	0
航空运输业	0	0	0	0	0
多式联运和运输代理业	0	0	0	0	0
装卸搬运和仓储业及邮政业	1	27	0	1	322
信息传输、软件和信息技术服务业	**132**	**5283**	**59**	**851**	**134824**
电信、广播电视和卫星传输服务	0	0	0	0	0
互联网和相关服务	6	115	0	8	879
软件和信息技术服务业	126	5168	59	843	133945
金融业、房地产业	**0**	**0**	**0**	**0**	**0**
租赁和商务服务业	**0**	**0**	**0**	**0**	**0**
租赁业	0	0	0	0	0
商务服务业	0	0	0	0	0
科学研究和技术服务业	**171**	**9176**	**388**	**3322**	**345879**
研究和试验发展	46	2032	142	826	75439
专业技术服务业	101	6854	224	2412	264289
科技推广和应用服务业	24	290	22	84	6152
水利、环境和公共设施管理业	**13**	**180**	**10**	**27**	**5434**
水利管理业	0	0	0	0	0
生态保护和环境治理业	12	165	10	27	4978
公共设施管理业	1	15	0	0	456
居民服务、修理和其他服务业	**1**	**1**	**0**	**0**	**14**
居民服务业	0	0	0	0	0
机动车、电子产品和日用产品修理业	0	0	0	0	0
其他服务业	1	1	0	0	14
教育	**0**	**0**	**0**	**0**	**0**
卫生和社会工作	**0**	**0**	**0**	**0**	**0**
文化、体育和娱乐业	**2**	**174**	**0**	**23**	**10655**
广播、电视、电影和录音制作业	2	174	0	23	10655
文化艺术业	0	0	0	0	0
体育及娱乐业	0	0	0	0	0
四、按行政区划分					
和平区	22	476	13	137	11393
河东区	13	1259	11	144	51512

续表

项　目	机构数（个）	研究开发人员（人）	# 博士	# 硕士	机构研究开发费用（万元）
河西区	29	1475	57	610	41997
南开区	41	1548	18	209	38998
河北区	14	658	6	76	25646
红桥区	11	888	43	130	33137
东丽区	57	2945	56	437	104371
西青区	122	4084	33	601	112433
津南区	82	2062	24	216	104037
北辰区	97	5631	166	1106	224920
武清区	110	3886	34	374	138616
宝坻区	88	2608	18	151	82136
滨海新区	565	37599	697	7295	1455825
# 开发区	164	13818	378	2495	460593
保税区	96	7615	94	1677	342412
高新区	202	11651	190	2758	510421
宁河区	18	905	0	21	41983
静海区	83	3393	7	114	80474
蓟州区	15	444	1	13	12848

表 8-7　国家级高新技术企业自主知识产权及相关情况（2021 年）

项　目	专利申请数（件）	专利授权数（件）	有效发明专利数（件）	专利所有权转让及许可数（项）	专利所有权转让及许可收入（万元）	发表科技论文（篇）	拥有注册商标数（件）	形成国家或行业标准数（项）
合计	**40972**	**40837**	**25494**	**1524**	**58909**	**7346**	**26861**	**452**
一、按企业规模分								
大型	7074	5257	7279	319	40470	4571	3936	151
中型	6454	4906	6041	176	5998	1686	5339	211
小型	18684	19657	9610	807	5204	1037	14376	88
微型	8760	11017	2564	222	7238	52	3210	2
二、按登记注册类型分								
内资企业	**38673**	**38888**	**23553**	**1338**	**55261**	**7229**	**24967**	**429**
国有企业	4664	3469	4854	176	14470	3154	646	159
集体企业	58	30	4	0	0	0	5	0
股份合作企业	56	73	13	0	0	0	9	0
联营企业	65	47	9	2	0	0	4	0
有限责任公司	13100	12578	7602	340	4610	2662	7388	173
股份有限公司	3992	3341	4902	199	28616	972	5260	34
私营企业	16564	19131	6041	621	7565	436	11623	63
其他内资企业	174	219	128	0	0	5	32	0
港、澳、台商投资企业	**864**	**748**	**999**	**102**	**2200**	**78**	**752**	**18**
与港、澳、台商合资经营企业	372	351	492	71	2200	74	279	18
港、澳、台商独资经营企业	431	320	501	31	0	4	353	0
港、澳、台商投资股份有限公司	39	60	0	0	0	0	118	0
其他港、澳、台商投资企业	22	17	6	0	0	0	2	0
外商投资企业	**1435**	**1201**	**942**	**84**	**1449**	**39**	**1142**	**5**
中外合资经营企业和中外合作经营企业	723	630	503	72	1444	22	777	5
外资企业	617	511	234	11	5	17	223	0
外商投资股份有限公司	51	43	147	0	0	0	52	0
其他外商投资企业	44	17	58	1	0	0	90	0
三、按国民经济行业分								
农、林、牧、渔业	**197**	**265**	**122**	**0**	**0**	**94**	**483**	**0**
农业	46	80	28	0	0	4	112	0
林业	25	31	10	0	0	37	7	0
畜牧业	5	8	3	0	0	1	93	0
渔业	63	59	7	0	0	9	19	0
农、林、牧、渔专业及辅助性活动	58	87	74	0	0	43	252	0
采矿业	**365**	**346**	**558**	**7**	**15**	**377**	**140**	**7**
煤炭开采和洗选业	19	19	2	0	0	0	0	0
石油和天然气开采业	233	198	463	0	0	294	44	7

续表

项 目	专利申请数（件）	专利授权数（件）	有效发明专利数（件）	专利所有权转让及许可数（项）	专利所有权转让及许可收入（万元）	发表科技论文（篇）	拥有注册商标数（件）	形成国家或行业标准数（项）
非金属矿采选业	43	36	29	7	15	26	91	0
开采专业及辅助活动和其他采矿业	70	93	64	0	0	57	5	0
制造业	**25481**	**25481**	**15858**	**1136**	**42843**	**1558**	**18040**	**234**
农副食品加工业	161	278	109	0	0	7	351	0
食品制造业	229	176	173	0	0	11	1169	0
酒、饮料和精制茶制造业	30	33	5	0	0	0	74	0
纺织业	168	134	63	0	0	0	36	2
纺织服装、服饰业	12	16	0	0	0	0	6	0
皮革、毛皮、羽毛及其制品和制鞋业	25	15	15	0	0	0	22	0
木材加工和木、竹、藤、棕、草制品业	105	108	40	0	0	0	24	0
家具制造业	108	120	23	0	0	0	259	0
造纸和纸制品业	269	406	27	36	0	0	262	0
印刷和记录媒介复制业	312	229	30	0	0	0	44	0
文教、工美、体育和娱乐用品制造业	255	210	79	19	0	0	393	0
石油、煤炭及其他燃料加工业	179	209	60	0	0	0	87	0
化学原料和化学制品制造业	1243	1339	1607	9	305	206	2867	89
医药制造业	596	622	2072	22	27655	219	2290	25
化学纤维制造业	16	13	14	2	0	3	17	0
橡胶和塑料制品业	1299	1396	428	40	0	9	511	4
非金属矿物制品业	925	941	393	23	0	19	423	1
黑色金属冶炼和压延加工业	473	493	191	3	0	73	273	13
有色金属冶炼和压延加工业	278	215	147	0	0	30	125	9
金属制品业	1839	2241	441	21	0	22	685	3
通用设备制造业	4007	4329	1606	272	265	168	1754	10
专用设备制造业	3671	3513	2773	136	8539	196	2586	24
汽车制造业	1320	1238	455	276	2574	4	330	0
铁路、船舶、航空航天和其他运输设备制造业	1565	1417	867	1	0	195	858	1
电气机械和器材制造业	2019	1888	1367	15	0	142	583	20
计算机、通信和其他电子设备制造业	2246	1524	2068	220	3505	206	1136	8
仪器仪表制造业	1385	1602	653	39	1	26	538	5
其他制造业	443	441	81	2	0	22	179	20
废弃资源综合利用业	51	48	9	0	0	0	68	0
金属制品、机械和设备修理业	252	287	62	0	0	0	90	0
电力、热力、燃气及水生产和供应业	**505**	**485**	**100**	**11**	**0**	**67**	**144**	**0**
电力、热力生产和供应业	400	376	58	11	0	58	106	0
燃气生产和供应业	50	21	6	0	0	4	0	0

续表

项　目	专利申请数（件）	专利授权数（件）	有效发明专利数（件）	专利所有权转让及许可数（项）	专利所有权转让及许可收入（万元）	发表科技论文（篇）	拥有注册商标数（件）	形成国家或行业标准数（项）
水的生产和供应业	55	88	36	0	0	5	38	0
建筑业	**3118**	**3105**	**1211**	**8**	**0**	**977**	**431**	**23**
房屋建筑业	1106	853	416	6	0	257	94	3
土木工程建筑业	1315	1403	576	2	0	566	117	10
建筑安装业	485	620	187	0	0	147	75	10
建筑装饰、装修和其他建筑业	212	229	32	0	0	7	145	0
批发和零售业	**431**	**648**	**395**	**9**	**1**	**111**	**548**	**0**
批发业	352	554	214	9	1	111	273	0
零售业	79	94	181	0	0	0	275	0
交通运输、仓储和邮政业	**102**	**88**	**45**	**0**	**0**	**3**	**326**	**0**
铁路运输业和道路运输业	15	21	27	0	0	0	38	0
水上运输业	29	8	1	0	0	0	0	0
航空运输业	0	11	0	0	0	0	13	0
多式联运和运输代理业	3	4	3	0	0	0	0	0
装卸搬运和仓储业及邮政业	55	44	14	0	0	3	275	0
信息传输、软件和信息技术服务业	**2896**	**2567**	**2012**	**124**	**2059**	**425**	**4266**	**16**
电信、广播电视和卫星传输服务	78	39	24	0	0	0	7	0
互联网和相关服务	250	305	279	19	0	2	623	0
软件和信息技术服务业	2568	2223	1709	105	2059	423	3636	16
金融业、房地产业	**0**	**6**	**0**	**0**	**0**	**0**	**12**	**0**
租赁和商务服务业	**64**	**38**	**10**	**1**	**0**	**0**	**29**	**0**
租赁业	5	16	0	0	0	0	29	0
商务服务业	59	22	10	1	0	0	0	0
科学研究和技术服务业	**7134**	**7025**	**4906**	**225**	**12995**	**3710**	**1684**	**161**
研究和试验发展	1593	1351	1489	17	407	939	394	31
专业技术服务业	3921	3760	2655	174	12562	2689	833	127
科技推广和应用服务业	1620	1914	762	34	26	82	457	3
水利、环境和公共设施管理业	**515**	**635**	**229**	**3**	**997**	**22**	**83**	**6**
水利管理业	40	65	8	0	0	0	4	0
生态保护和环境治理业	445	515	187	3	997	17	64	6
公共设施管理业	30	55	34	0	0	5	15	0
居民服务、修理和其他服务业	**99**	**107**	**14**	**0**	**0**	**0**	**26**	**0**
居民服务业	0	0	0	0	0	0	0	0
机动车、电子产品和日用产品修理业	4	6	0	0	0	0	10	0
其他服务业	95	101	14	0	0	0	16	0
教育	**0**	**1**	**1**	**0**	**0**	**2**	**320**	**0**
卫生和社会工作	**28**	**17**	**19**	**0**	**0**	**0**	**0**	**0**
文化、体育和娱乐业	**37**	**23**	**14**	**0**	**0**	**0**	**329**	**5**

续表

项　目	专利申请数（件）	专利授权数（件）	有效发明专利数（件）	专利所有权转让及许可数（项）	专利所有权转让及许可收入（万元）	发表科技论文（篇）	拥有注册商标数（件）	形成国家或行业标准数（项）
广播、电视、电影和录音制作业	23	9	10	0	0	0	291	5
文化艺术业	8	11	3	0	0	0	11	0
体育及娱乐业	6	3	1	0	0	0	27	0
四、按行政区划分								
和平区	356	522	181	0	0	235	63	8
河东区	558	487	243	19	0	135	53	16
河西区	936	911	608	21	0	501	148	21
南开区	1524	1417	1308	35	183	643	1613	16
河北区	350	386	212	1	0	158	315	2
红桥区	374	329	531	1	0	272	776	79
东丽区	2483	2534	1302	24	499	459	921	54
西青区	3683	3676	1393	75	202	169	2850	5
津南区	2350	2964	799	36	0	77	934	15
北辰区	2868	3077	2812	166	27378	381	1651	29
武清区	3282	3672	1737	69	156	262	2158	24
宝坻区	1461	1815	474	20	0	54	1235	21
滨海新区	18449	16177	13286	1028	30492	3916	12905	160
# 开发区	4098	3867	4006	306	4054	911	3296	36
保税区	4735	3443	3027	415	13060	1282	2043	63
高新区	6708	6149	5020	282	13155	951	5105	39
宁河区	398	500	130	1	0	41	181	0
静海区	1648	1993	345	26	0	11	956	2
蓟州区	252	377	133	2	0	32	102	0

表 8-8　国家级高新技术企业政府相关政策落实情况（2021 年）

单位：万元

项　目	享受高新技术企业所得税减免	研发加计扣除所得税减免	技术转让所得税减免
合计	**581801**	**285289**	**508**
一、按企业规模分			
大型	301061	132844	0
中型	161055	69731	372
小型	114561	78375	125
微型	5123	4339	11
二、按登记注册类型分			
内资企业	**433858**	**244390**	**508**
国有企业	53661	42339	181
集体企业	212	153	0
股份合作企业	31	35	0
联营企业	2	69	0
有限责任公司	222467	111446	301
股份有限公司	76825	42926	10
私营企业	79762	46024	16
其他内资企业	897	1397	0
港、澳、台商投资企业	**91636**	**20376**	**0**
与港、澳、台商合资经营企业	7938	5131	0
港、澳、台商独资经营企业	83492	14925	0
港、澳、台商投资股份有限公司	125	241	0
其他港、澳、台商投资企业	80	79	0
外商投资企业	**56307**	**20524**	**0**
中外合资经营企业和中外合作经营企业	19665	7057	0
外资企业	35344	10097	0
外商投资股份有限公司	1269	3369	0
其他外商投资企业	29	0	0
三、按国民经济行业分			
农、林、牧、渔业	**1232**	**743**	**0**
农业	118	79	0
林业	136	611	0
畜牧业	226	31	0
渔业	1	21	0
农、林、牧、渔专业及辅助性活动	752	2	0
采矿业	**1693**	**1283**	**0**
煤炭开采和洗选业	384	0	0
石油和天然气开采业	0	135	0
非金属矿采选业	48	683	0
开采专业及辅助活动和其他采矿业	1262	464	0

续表

项　目	享受高新技术企业所得税减免	研发加计扣除所得税减免	技术转让所得税减免
制造业	**329567**	**172312**	**57**
农副食品加工业	6541	1322	0
食品制造业	937	698	0
酒、饮料和精制茶制造业	1986	414	0
纺织业	1584	436	0
纺织服装、服饰业	194	0	0
皮革、毛皮、羽毛及其制品和制鞋业	75	50	0
木材加工和木、竹、藤、棕、草制品业	27	70	0
家具制造业	1643	382	0
造纸和纸制品业	8681	669	0
印刷和记录媒介复制业	1627	879	0
文教、工美、体育和娱乐用品制造业	817	673	0
石油、煤炭及其他燃料加工业	140	174	0
化学原料和化学制品制造业	30845	13736	15
医药制造业	32817	13450	14
化学纤维制造业	34	0	0
橡胶和塑料制品业	10970	4472	0
非金属矿物制品业	18821	4988	0
黑色金属冶炼和压延加工业	39794	3830	0
有色金属冶炼和压延加工业	763	5490	0
金属制品业	7305	5645	0
通用设备制造业	29880	11555	0
专用设备制造业	23672	17839	0
汽车制造业	19000	9910	0
铁路、船舶、航空航天和其他运输设备制造业	9468	17790	0
电气机械和器材制造业	21556	11678	28
计算机、通信和其他电子设备制造业	49060	41517	0
仪器仪表制造业	5670	2903	0
其他制造业	4180	1365	0
废弃资源综合利用业	99	76	0
金属制品、机械和设备修理业	1378	304	0
电力、热力、燃气及水生产和供应业	**4595**	**4244**	**0**
电力、热力生产和供应业	2615	1762	0
燃气生产和供应业	1067	1352	0
水的生产和供应业	913	1129	0
建筑业	**42174**	**28422**	**0**
房屋建筑业	9483	9155	0
土木工程建筑业	25430	15782	0
建筑安装业	5165	2935	0
建筑装饰、装修和其他建筑业	2097	550	0

续表

项　目	享受高新技术企业所得税减免	研发加计扣除所得税减免	技术转让所得税减免
批发和零售业	**2505**	**420**	**0**
批发业	2505	419	0
零售业	0	1	0
交通运输、仓储和邮政业	**1290**	**279**	**0**
铁路运输业和道路运输业	119	59	0
水上运输业	954	133	0
航空运输业	0	4	0
多式联运和运输代理业	0	0	0
装卸搬运和仓储业及邮政业	217	82	0
信息传输、软件和信息技术服务业	**95520**	**34916**	**79**
电信、广播电视和卫星传输服务	160	22	0
互联网和相关服务	29359	5723	0
软件和信息技术服务业	66001	29171	79
金融业、房地产业	**238**	**81**	**0**
租赁和商务服务业	**538**	**3**	**0**
租赁业	0	0	0
商务服务业	538	3	0
科学研究和技术服务业	**92314**	**39025**	**373**
研究和试验发展	3515	8610	372
专业技术服务业	84988	27648	0
科技推广和应用服务业	3811	2766	1
水利、环境和公共设施管理业	**3190**	**1198**	**0**
水利管理业	0	1	0
生态保护和环境治理业	2625	839	0
公共设施管理业	565	359	0
居民服务、修理和其他服务业	**205**	**404**	**0**
居民服务业	0	0	0
机动车、电子产品和日用产品修理业	0	8	0
其他服务业	205	396	0
教育	**1340**	**253**	**0**
卫生和社会工作	**413**	**498**	**0**
文化、体育和娱乐业	**4986**	**1209**	**0**
广播、电视、电影和录音制作业	4983	1069	0
文化艺术业	1	139	0
体育及娱乐业	2	0	0
四、按行政区划分			
和平区	1748	1594	0
河东区	3274	1668	0
河西区	13711	7299	0
南开区	13195	10623	181

续表

项　目	享受高新技术企业所得税减免	研发加计扣除所得税减免	技术转让所得税减免
河北区	4781	1779	0
红桥区	2787	2278	0
东丽区	22746	7333	82
西青区	35248	14433	191
津南区	15511	7628	0
北辰区	47381	21457	0
武清区	40493	22557	16
宝坻区	12579	7273	0
滨海新区	311563	170729	10
# 开发区	113749	41565	0
保税区	65008	46024	0
高新区	100747	63790	10
宁河区	39988	2669	0
静海区	11364	5466	0
蓟州区	5433	502	28

表 8-9　国家级高新技术企业技术获取和技术改造情况（2021 年）

单位：万元

项　目	技术改造经费支出	引进境外技术经费支出	引进境外技术的消化吸收经费支出	购买境内技术经费支出
合计	**96160**	**31930**	**0**	**16492**
一、按企业规模分				
大型	35604	19808	0	4601
中型	41260	11146	0	7747
小型	18455	969	0	3825
微型	841	7	0	319
二、按登记注册类型分				
内资企业	**93964**	**1552**	**0**	**16184**
国有企业	15897	800	0	1636
集体企业	0	0	0	0
股份合作企业	0	0	0	0
联营企业	0	0	0	0
有限责任公司	41940	740	0	6957
股份有限公司	18768	0	0	5360
私营企业	17358	11	0	2232
其他内资企业	1	0	0	0
港、澳、台商投资企业	**864**	**52**	**0**	**0**
与港、澳、台商合资经营企业	864	0	0	0
港、澳、台商独资经营企业	0	52	0	0
港、澳、台商投资股份有限公司	0	0	0	0
其他港、澳、台商投资企业	0	0	0	0
外商投资企业	**1332**	**30326**	**0**	**308**
中外合资经营企业和中外合作经营企业	250	11251	0	308
外资企业	681	19067	0	0
外商投资股份有限公司	400	0	0	0
其他外商投资企业	0	7	0	0
三、按国民经济行业分				
农、林、牧、渔业	**0**	**0**	**0**	**0**
农业	0	0	0	0
林业	0	0	0	0
畜牧业	0	0	0	0
渔业	0	0	0	0
农、林、牧、渔专业及辅助性活动	0	0	0	0
采矿业	**1099**	**0**	**0**	**0**
煤炭开采和洗选业	0	0	0	0
石油和天然气开采业	127	0	0	0
非金属矿采选业	972	0	0	0
开采专业及辅助活动和其他采矿业	0	0	0	0

续表

项　目	技术改造经费支出	引进境外技术经费支出	引进境外技术的消化吸收经费支出	购买境内技术经费支出
制造业	**76497**	**31171**	**0**	**9853**
农副食品加工业	151	0	0	0
食品制造业	286	0	0	0
酒、饮料和精制茶制造业	0	0	0	0
纺织业	1077	800	0	208
纺织服装、服饰业	100	0	0	0
皮革、毛皮、羽毛及其制品和制鞋业	0	0	0	0
木材加工和木、竹、藤、棕、草制品业	47	0	0	0
家具制造业	0	0	0	0
造纸和纸制品业	66	0	0	0
印刷和记录媒介复制业	313	0	0	311
文教、工美、体育和娱乐用品制造业	128	0	0	0
石油、煤炭及其他燃料加工业	7	0	0	0
化学原料和化学制品制造业	6437	0	0	1041
医药制造业	12433	0	0	6220
化学纤维制造业	0	0	0	0
橡胶和塑料制品业	2024	0	0	130
非金属矿物制品业	3069	0	0	3
黑色金属冶炼和压延加工业	21668	0	0	0
有色金属冶炼和压延加工业	2095	0	0	0
金属制品业	3301	0	0	780
通用设备制造业	1609	19172	0	84
专用设备制造业	1402	70	0	308
汽车制造业	2727	0	0	0
铁路、船舶、航空航天和其他运输设备制造业	1428	0	0	522
电气机械和器材制造业	1768	11128	0	29
计算机、通信和其他电子设备制造业	10457	0	0	0
仪器仪表制造业	1132	0	0	0
其他制造业	2775	0	0	218
废弃资源综合利用业	0	0	0	0
金属制品、机械和设备修理业	0	0	0	0
电力、热力、燃气及水生产和供应业	**3305**	**0**	**0**	**0**
电力、热力生产和供应业	3286	0	0	0
燃气生产和供应业	0	0	0	0
水的生产和供应业	19	0	0	0
建筑业	**10862**	**0**	**0**	**0**
房屋建筑业	10505	0	0	0
土木工程建筑业	1	0	0	0
建筑安装业	357	0	0	0
建筑装饰、装修和其他建筑业	0	0	0	0

续表

项 目	技术改造经费支出	引进境外技术经费支出	引进境外技术的消化吸收经费支出	购买境内技术经费支出
批发和零售业	**2**	**0**	**0**	**0**
批发业	2	0	0	0
零售业	0	0	0	0
交通运输、仓储和邮政业	**296**	**0**	**0**	**419**
铁路运输业和道路运输业	296	0	0	419
水上运输业	0	0	0	0
航空运输业	0	0	0	0
多式联运和运输代理业	0	0	0	0
装卸搬运和仓储业及邮政业	0	0	0	0
信息传输、软件和信息技术服务业	**3015**	**0**	**0**	**1118**
电信、广播电视和卫星传输服务	0	0	0	0
互联网和相关服务	5	0	0	0
软件和信息技术服务业	3010	0	0	1118
金融业、房地产业	**0**	**0**	**0**	**0**
租赁和商务服务业	**0**	**0**	**0**	**0**
租赁业	0	0	0	0
商务服务业	0	0	0	0
科学研究和技术服务业	**972**	**759**	**0**	**5102**
研究和试验发展	1	11	0	3
专业技术服务业	971	740	0	4538
科技推广和应用服务业	0	7	0	561
水利、环境和公共设施管理业	**110**	**0**	**0**	**0**
水利管理业	0	0	0	0
生态保护和环境治理业	110	0	0	0
公共设施管理业	0	0	0	0
居民服务、修理和其他服务业	**0**	**0**	**0**	**0**
居民服务业	0	0	0	0
机动车、电子产品和日用产品修理业	0	0	0	0
其他服务业	0	0	0	0
教育	**0**	**0**	**0**	**0**
卫生和社会工作	**0**	**0**	**0**	**0**
文化、体育和娱乐业	**0**	**0**	**0**	**0**
广播、电视、电影和录音制作业	0	0	0	0
文化艺术业	0	0	0	0
体育及娱乐业	0	0	0	0
四、按行政区划分				
和平区	1819	0	0	0
河东区	29	0	0	84
河西区	69	0	0	0
南开区	877	0	0	28

续表

项　目	技术改造经费支出	引进境外技术经费支出	引进境外技术的消化吸收经费支出	购买境内技术经费支出
河北区	889	0	0	0
红桥区	0	0	0	0
东丽区	1694	740	0	1254
西青区	10683	0	0	939
津南区	1454	52	0	218
北辰区	7036	0	0	4511
武清区	4750	19172	0	492
宝坻区	1237	0	0	0
滨海新区	45873	11965	0	8965
# 开发区	13266	818	0	3010
保税区	17177	0	0	3356
高新区	9009	11147	0	1997
宁河区	16030	0	0	0
静海区	3329	0	0	0
蓟州区	391	0	0	0

（二）火炬平台

表 8-10　大学科技园基本情况（2021 年）

名称	大学科技园（个）	管理机构从业人员（人）	孵化基金总额（万元）	现有场地面积（平方米）
合计	**1**	**7**	**0**	**173127**
天津大学科技园	1	7	0	173127

表 8-11　大学科技园人员情况（2021 年）

单位：人

名称	管理机构从业人员	# 博士	硕士	# 研究生学历	本科学历	大专学历	# 留学回国人员
合计	**7**	**0**	**0**	**2**	**5**	**0**	**0**
天津大学科技园	7	0	0	2	5	0	0

表 8-12　大学科技园孵化场地情况（2021 年）

单位：平方米

名称	现有场地总面积	办公用房	孵化用房	研发用房	生产用房	其他用房
合计	**173127**	**16958**	**91469**	**43000**	**16000**	**5700**
天津大学科技园	173127	16958	91469	43000	16000	5700

表 8-13　大学科技园在孵企业情况（2021 年）

名称	在孵企业（个）	# 当年新孵	从业人员（人）	总收入（万元）	工业总产值（万元）	净利润（万元）	上缴税费（万元）
合计	**71**	**10**	**611**	**20959**	**16105**	**2121**	**688**
天津大学科技园	71	10	611	20959	16105	2121	688

表 8-14　大学科技园毕业企业情况（2021 年）

名称	毕业企业（个）	毕业企业就业人员（人）	总收入（万元）	工业总产值（万元）
合计	**1**	**141**	**20083**	**19925**
天津大学科技园	1	141	20083	19925

表 8-15　火炬计划特色产业基地主要经济指标（2021 年）

名称	基地内企业数（个）	工业总产值（亿元）	总收入（亿元）	实际上缴税费（亿元）	净利润（亿元）	出口总额（亿元）
合计	**7194**	**1389.66**	**1976.58**	**67.42**	**64.47**	**67.89**
天津现代纺织特色产业基地	12	2.19	60.55	0.17	0.72	0
东丽节能装备特色产业基地	1480	4.72	3.97	0.23	0.56	0.41
西青信息安全特色产业基地	320	45.00	40.50	2.59	3.90	11.70
天津中北汽车特色产业基地	437	130.00	141.15	1.68	−1.30	5.39
天津武清金属新材料特色产业基地	1830	323.50	320.10	14.50	36.00	10.70
天津京滨石油装备特色产业基地	315	71.87	315.47	13.51	6.27	1.25
武清汽车零部件特色产业基地	176	160.57	242.17	12.12	8.21	38.26
天津京津电子商务特色产业基地	2387	651.82	559.79	18.58	0	0
天津陈塘工程设计特色产业基地	237	0	292.87	4.05	10.11	0.18

表 8-16 火炬计划特色产业基地企业人员分布情况（2021 年）

单位：人

名称	从业人员总数	# 大专及以上人员	# 博士
合计	**141930**	**57257**	**1108**
天津现代纺织特色产业基地	1501	544	3
东丽节能装备特色产业基地	16670	11448	575
西青信息安全特色产业基地	4900	3500	45
天津中北汽车特色产业基地	32000	11960	306
天津武清金属新材料特色产业基地	22040	8950	55
天津京滨石油装备特色产业基地	17500	4500	8
武清汽车零部件特色产业基地	14310	3620	23
天津京津电子商务特色产业基地	23500	4722	1
天津陈塘工程设计特色产业基地	9509	8013	92

表 8-17 创新型产业集群基本情况（2021 年）

名称	集群企业总数（个）	# 高新技术企业数	集群人员总数（人）	# 大专及以上	营业收入（亿元）	出口总额（亿元）	净利润（亿元）	实际上缴税费总额（亿元）
合计	**2457**	**1194**	**145379**	**100798**	**2871.14**	**193.86**	**181.42**	**86.49**
北辰高端装备制造创新型产业集群	235	100	21115	9206	445.81	6.86	29.64	19.22
天津高新区新能源创新型产业集群	128	77	30481	17523	555.78	50.83	8.86	11.09
泰达高端医疗器械产业集群	202	72	9250	6750	59.58	0.67	3.85	6.65
天津基于国产自主可控的信息安全产业集群	1203	594	35203	29798	1257.97	16.60	89.39	35.69
天津市细胞产业创新型产业集群	689	351	49330	37521	552.00	118.90	49.68	13.83

表 8-18　创新型产业集群科技产出情况（2021 年）

单位：件

名称	当年申请发明专利	当年授权发明专利	拥有注册商标	拥有软件著作权	拥有集成电路布图	当年形成国际标准
合计	**1994**	**525**	**2878**	**15885**	**73**	**1**
北辰高端装备制造创新型产业集群	318	52	433	664	0	0
天津高新区新能源创新型产业集群	352	69	396	1059	0	0
泰达高端医疗器械产业集群	165	68	155	205	0	0
天津基于国产自主可控的信息安全产业集群	945	248	1693	13691	73	1
天津市细胞产业创新型产业集群	214	88	201	266	0	0

表 8-19　创新型产业集群主要服务机构情况（2021 年）

单位：个

名称	国家级科技企业孵化器	国家技术转移机构	具有国家级资质产品检验检测机构	研究院所	产业联盟组织
合计	**8**	**3**	**17**	**16**	**23**
北辰高端装备制造创新型产业集群	1	0	0	3	6
天津高新区新能源创新型产业集群	0	0	0	0	0
泰达高端医疗器械产业集群	3	2	2	1	5
天津基于国产自主可控的信息安全产业集群	0	1	2	5	2
天津市细胞产业创新型产业集群	4	0	13	7	10

表 8-20　省级高新区基本情况（2021 年）

名称	累计开发面积（平方千米）	本年固定资产投资额（亿元）	财政总收入（亿元）	高新区工商注册企业数（个）	# 高新技术企业数	# 营业收入超亿元企业数
合计	**46.0**	**36.51**	**11.07**	**8630**	**413**	**152**
天津东丽经济技术开发区	6.3	17.34	0	2580	112	59
天津华明高新区	9.6	0.41	0.94	1480	104	1
天津八里台工业区	6.5	5.66	5.08	1400	105	21
京津科技谷产业园	10.7	1.54	4.03	2395	44	41
天津宝坻经济开发区	12.9	11.55	1.02	775	48	30

表 8-21　省级高新区企业人员指标情况（2021 年）

单位：人

名称	从业人员	# 留学归国人员	# 大专以上学历人员	# 硕士以上学位人员
合计	**95113**	**480**	**67035**	**4886**
天津东丽经济开发区	26267	193	17531	1904
天津华明高新区	12880	166	9624	1930
天津八里台工业区	14000	13	8300	260
京津科技谷产业园	28600	55	21060	269
天津宝坻经济开发区	13366	53	10520	523

表 8-22　省级高新区企业经济指标情况（2021 年）

单位：亿元

名称	工业总产值	营业收入	净利润	实际上缴税费	出口总额
合计	**804.57**	**1082.63**	**67.86**	**39.81**	**75.80**
天津东丽经济技术开发区	249.11	497.14	26.02	15.15	0
天津华明高新区	4.72	3.95	0.74	0.25	0.40
天津八里台工业区	113.20	122.32	3.29	2.06	51.46
京津科技谷产业园	334.00	311.00	36.80	17.54	13.14
天津宝坻经济开发区	103.55	148.21	1.02	4.82	10.80

第九部分

沿海九省市科技创新能力监测指标

表 9-1　沿海九省市科技创新能力监测指标（2020 年）

指标名称	单位	天津	北京	上海	浙江	福建	广东	辽宁	山东	江苏
一、创新环境										
十万人高校在校学生数	人	4430.30	5393.48	3721.66	2704.01	2866.26	3175.13	3486.54	3153.57	3652.85
十万人博士毕业生数	人	14.17	91.66	24.36	3.02	2.59	2.69	5.63	1.69	5.93
科技企业孵化器累计毕业企业数	个	2626	21414	4064	16393	3929	23314	4305	12942	30626
企业研究开发费用加计扣除减免税额	亿元	17.79	29.68	114.57	215.55	36.85	383.23	30.72	129.99	212.45
高新技术企业减免税额占全国比重	%	1.54	3.57	4.76	12.35	2.85	20.72	2.39	7.75	16.04
二、创新资源										
R&D 经费支出与地区生产总值之比	%	3.46	6.47	4.15	2.88	1.93	3.13	2.20	2.31	2.92
地方财政科技支出与地方财政支出比重	%	3.75	5.78	5.01	4.68	2.86	5.48	1.21	2.66	4.27
万人 R&D 人员全时当量	人年	65.36	153.62	91.88	90.13	44.61	69.10	26.30	33.56	78.93
R&D 研究人员占全社会 R&D 人员比重	%	53.37	67.21	56.14	29.52	39.08	33.92	54.91	41.56	39.22
高技术产业 R&D 经费支出占营业收入比重	%	2.25	2.40	2.70	3.63	3.21	2.77	2.64	3.42	2.73
三、企业创新										
企业 R&D 经费支出占营业收入比重	%	1.20	1.25	1.61	1.78	1.21	1.67	1.09	1.57	1.90
企业技术获取和技术改造经费支出占营业收入比重	%	0.24	0.37	0.96	0.34	0.24	0.74	0.41	0.28	0.32
企业 R&D 研究人员占全社会 R&D 研究人员比重	%	50.67	13.26	38.36	78.88	81.08	83.44	53.62	82.38	85.30
有 R&D 活动的企业占工业企业比重	%	28.20	39.70	28.37	49.72	31.73	39.47	24.17	39.17	52.15
万名企业就业人员发明专利拥有量	件	231.79	664.75	338.29	136.25	107.89	332.83	147.40	143.29	262.18
四、创新产出										
万人发明专利拥有量	件	27.51	153.30	58.52	30.85	12.20	27.77	11.23	12.25	34.40
万人国内科技论文数	篇	9.77	33.68	12.99	3.01	2.22	2.26	4.23	2.21	5.07
万人输出技术成交额	万元	7856.41	28854.10	6362.87	2169.54	392.98	2588.18	1487.05	1873.08	2462.88
高技术产业营业收入占工业营业收入比重	%	15.45	27.56	20.02	12.89	11.29	33.47	6.25	7.73	21.69
新产品销售收入占营业收入比重	%	20.48	22.41	25.70	36.00	11.03	29.56	14.48	19.60	31.47
五、创新绩效										
高技术产品出口额占商品出口额比重	%	31.03	66.99	49.94	8.33	13.26	28.74	15.02	8.56	37.17
高新技术企业技术收入占营业收入比重	%	15.68	40.03	25.78	14.81	6.99	12.56	6.59	4.32	4.48
劳动生产率	万元 / 人	31.86	22.76	23.51	14.61	15.68	13.17	13.73	14.95	18.15
资本生产率	万元 / 万元	0.25	0.35	0.36	0.40	0.30	0.50	0.32	0.31	0.37
综合能耗产出率	元 / 千克标准煤	21.63	35.45	26.93	21.95	22.51	25.25	10.64	17.59	25.79

第十部分

附　录

国家级企业技术中心（67 个）

序号	名称	序号	名称
1	科迈化工股份有限公司	35	天津钢铁集团有限公司
2	凯莱英医药集团（天津）股份有限公司	36	天津市金桥焊材集团股份有限公司
3	天津航天瑞莱科技有限公司	37	天津铁路信号有限责任公司
4	天津立中车轮有限公司 ※	38	中国汽车技术研究中心有限公司
5	天津利安隆新材料股份有限公司	39	天津大桥焊材集团有限公司
6	天津膜天膜科技股份有限公司	40	天津市捷威动力工业有限公司
7	天津泰达绿化科技集团有限公司 ※	41	天津立林机械集团有限公司
8	中国石油集团渤海石油装备制造有限公司	42	中铁十八局集团有限公司
9	中国石油集团渤海钻探工程有限公司	43	天津灯塔涂料有限公司
10	海洋石油工程股份有限公司	44	天津久日新材料股份有限公司
11	恒银金融科技股份有限公司	45	中重科技（天津）股份有限公司 ※
12	天津航空机电有限公司	46	天津水泥工业设计研究院有限公司
13	天津汽车模具股份有限公司	47	天津天士力集团有限公司
14	天津瑞普生物技术股份有限公司	48	天津银龙预应力材料股份有限公司
15	天津市松正电动汽车技术股份有限公司	49	天津长荣科技集团股份有限公司
16	中国铁建大桥工程局集团有限公司	50	中国天辰工程有限公司
17	中交第一航务工程局有限公司	51	天津红日药业股份有限公司
18	中交天津航道局有限公司	52	天狮集团有限公司
19	中冶天工集团有限公司	53	天津国安盟固利新材料科技股份有限公司
20	中国铁路设计集团有限公司	54	天津市新天钢中兴盛达有限公司 ※
21	曙光信息产业股份有限公司	55	天津市天锻压力机有限公司
22	天地伟业技术有限公司	56	天津市天发重型水电设备制造有限公司
23	天津巴莫科技有限责任公司	57	天津光电通信技术有限公司
24	天津凯发电气股份有限公司	58	天津七一二通信广播股份有限公司
25	天津力神电池股份有限公司	59	天津中环半导体股份有限公司
26	天津赛象科技股份有限公司	60	天津渤海化工集团有限责任公司
27	天津药物研究院有限公司	61	天津药业集团有限公司
28	中材节能股份有限公司	62	天津中新药业集团股份有限公司
29	中海油田服务股份有限公司	63	天津海鸥表业集团有限公司
30	天津市政工程设计研究总院有限公司 ※	64	天津天纺投资控股有限公司
31	中国汽车工业工程有限公司	65	中法合营王朝葡萄酿酒有限公司
32	天津电气科学研究院有限公司	66	天津港（集团）有限公司
33	天津富士达集团有限公司	67	天津港航工程有限公司
34	天津钢管制造有限公司		

注：名称带有 ※ 的公司为 2021 年修改名称的公司。

国家级火炬计划平台和农业科技园区（18 个）

序号	名称	序号	名称
1	天津大学科技园	10	国家火炬天津京津电子商务特色产业基地
2	国家火炬天津陈塘工程设计特色产业基地	11	天津高新区新能源创新型产业集群
3	国家火炬天津空港经济区现代纺织特色产业基地	12	北辰高端装备制造创新型产业集群
4	国家火炬计划东丽节能装备特色产业基地	13	天津基于国产自主可控的信息安全产业集群
5	国家火炬计划西青信息安全特色产业基地	14	泰达高端医疗器械产业集群
6	国家火炬天津中北汽车特色产业基地	15	国家软件出口基地
7	国家火炬武清新金属材料特色产业基地	16	天津津南国家农业科技园区
8	国家火炬天津京滨石油装备特色产业基地	17	天津滨海国家农业科技园区
9	国家火炬武清汽车零部件特色产业基地	18	天津宝坻国家农业科技园区

国家级科技企业孵化器（36 个）

序号	名称	序号	名称
1	天津国际生物医药联合研究院有限公司	19	天津恩华企业孵化器有限公司
2	天津泰达中小企业园建设有限公司	20	天津鑫恩华园区管理有限公司
3	天津泰达科技工业园有限公司	21	天津市科技创新发展中心
4	天津泰达国际创业中心	22	天津普天创达企业孵化器有限公司
5	天津航空产业开发有限公司	23	意谷（天津）科技企业孵化器有限公司
6	天津天保科技服务有限公司	24	天津青年创业园管理有限公司
7	天津智汇谷科技服务有限公司	25	天津科丽泰科技企业孵化器有限公司
8	天津滨海高新技术产业开发区国际创业中心	26	中航大（天津）科技园有限公司
9	天津海泰企业孵化服务有限公司	27	清控科创（天津）科技园管理有限公司
10	天津火炬鑫茂创业服务有限公司	28	天津新华产业科技孵化器有限公司
11	天津华科企业孵化服务有限公司	29	执信（天津）科技企业孵化器有限公司
12	天津华苑软件园建设发展有限公司	30	天津凌奥创意科技企业孵化器有限公司
13	天津普天企业孵化服务有限公司	31	天津市赛达启航科技企业孵化器有限公司
14	天津生机企业孵化器有限公司	32	天津辰寰星谷企业孵化器有限公司
15	天津华鼎孵化器运营管理有限公司	33	天津京滨科技企业孵化器有限公司
16	天津智慧山企业孵化器有限公司	34	天津可信科技企业孵化器有限公司
17	天津生态城产业园运营管理有限公司	35	天津光彩圣火科技企业孵化器有限公司
18	天津市帅超科技园有限公司	36	天津市武清区兴科百纳有限公司

国家级试点产业技术创新战略联盟（5个）

序号	名称	序号	名称
1	杂交水稻产业技术创新战略联盟	4	地热能高效利用产业技术创新战略联盟
2	兽用化学药品产业技术创新战略联盟	5	污染场地修复产业技术创新战略联盟
3	工业酶产业技术创新战略联盟		

天津市重点实验室（161个）

序号	名称	依托单位
1	天津市信息光子材料与技术重点实验室	南开大学
2	天津市金属与分子基材料化学重点实验室	南开大学
3	天津市微生物功能基因组学重点实验室	南开大学
4	天津市城市生态环境修复与污染防治重点实验室	南开大学
5	天津市光电子薄膜器件与技术重点实验室	南开大学
6	天津市生物与制药工程重点实验室	天津大学
7	天津市港口与海洋工程重点实验室	天津大学
8	天津市应用催化科学与工程重点实验室	天津大学
9	天津市现代工程力学重点实验室	天津大学
10	天津市低维功能材料物理与制备技术重点实验室	天津大学
11	天津市过程检测与控制重点实验室	天津大学
12	天津市生物医学检测技术与仪器重点实验室	天津大学
13	天津市建筑物理环境与生态技术重点实验室	天津大学
14	天津市电力系统仿真控制重点实验室	天津大学
15	天津市神经损伤变异与再生重点实验室	天津医科大学
16	天津市肿瘤防治重点实验室	天津医科大学
17	天津市泌尿外科基础医学重点实验室	天津医科大学
18	天津市先进纺织复合材料重点实验室	天津工业大学
19	天津市改性与功能纤维重点实验室	天津工业大学
20	天津市中空纤维膜材料与膜过程重点实验室	天津工业大学
21	天津市食品营养与安全重点实验室	天津科技大学
22	天津市工业微生物重点实验室	天津科技大学

续表

序号	名称	依托单位
23	天津市制浆造纸重点实验室	天津科技大学
24	天津市薄膜电子与通信器件重点实验室	天津理工大学
25	天津市光电显示材料与器件重点实验室	天津理工大学
26	天津市中药药理学重点实验室	天津中医药大学
27	天津市针灸学重点实验室	天津中医药大学
28	天津市智能信号与图像处理重点实验室	中国民航大学
29	天津市食品生物技术重点实验室	天津商业大学
30	天津市水产生态及养殖重点实验室	天津农学院
31	天津市药代动力学与药效动力学重点实验室	天津药物研究院
32	天津市农产品采后生理与贮藏保鲜重点实验室	天津市农业科学院
33	天津市生物医学材料重点实验室	中国医学科学院生物医学工程研究所
34	天津市农业环境与农产品安全重点实验室	农业部环境保护科研监测所
35	天津市放射医学与分子核医学重点实验室	中国医学科学院放射医学研究所
36	天津市人工细胞重点实验室	天津市第三中心医院
37	天津市能源材料化学重点实验室	南开大学
38	天津市蛋白质科学重点实验室	南开大学
39	天津市土木工程结构及新材料重点实验室	天津大学
40	天津市材料复合与功能化重点实验室	天津大学
41	天津市现代连接技术重点实验室	天津大学
42	天津市膜科学与海水淡化技术重点实验室	天津大学
43	天津市现代药物传递及功能高效化重点实验室	天津大学
44	天津市细胞与分子免疫学重点实验室	天津医科大学
45	天津市肺癌转移与肿瘤微环境重点实验室	天津医科大学
46	天津市现代机电装备技术重点实验室	天津工业大学
47	天津市海洋资源与化学重点实验室	天津科技大学
48	天津市智能计算及软件新技术重点实验室	天津理工大学
49	天津市复杂系统控制理论及应用重点实验室	天津理工大学
50	天津市中药化学与分析重点实验室	天津中医药大学
51	天津市动植物抗性重点实验室	天津师范大学

续表

序号	名称	依托单位
52	天津市制冷技术重点实验室	天津商业大学
53	天津市软土特性与工程环境重点实验室	天津城建大学
54	天津市高速切削与精密加工重点实验室	天津职业技术师范大学
55	天津市职业与环境危害防制重点实验室	中国人民武装警察部队后勤学院
56	天津市新药设计与发现重点实验室	天津药物研究院
57	天津市分子药物研究重点实验室	南开大学
58	天津市肿瘤微环境与神经血管调节重点实验室	南开大学
59	天津市非线性动力学与混沌控制重点实验室	天津大学
60	天津市水资源与水环境重点实验室	天津师范大学
61	天津市功能分子结构与性能重点实验室	天津师范大学
62	天津市水质科学与技术重点实验室	天津城建大学
63	天津市信息传感与智能控制重点实验室	天津职业技术师范大学
64	天津市运动生理学与运动医学重点实验室	天津体育学院
65	天津市港口岩土工程技术重点实验室	中交天津港湾工程研究院有限公司
66	天津市眼科学与视觉科学重点实验室	天津市眼科医院
67	天津市环境与食品安全风险监控技术重点实验室	军事科学院军事医学研究院环境医学与作业医学研究所
68	天津市薄膜光学重点实验室	天津津航技术物理研究所
69	天津市生物活性材料重点实验室	南开大学
70	天津市装备设计与制造技术重点实验室	天津大学
71	天津市医学表观遗传学重点实验室	天津医科大学
72	天津市临床药物关键技术重点实验室	天津医科大学
73	天津市电工电能新技术重点实验室	天津工业大学
74	天津市民用航空器适航与维修重点实验室	中国民航大学
75	天津市空管运行规划与安全技术重点实验室	中国民航大学
76	天津市工业生物系统与过程工程重点实验室	中国科学院天津工业生物技术研究所
77	天津市大气污染防治重点实验室	天津市环境保护科学研究院
78	天津市认知计算与应用重点实验室	天津大学
79	天津市器官移植重点实验室	天津市第一中心医院

续表

序号	名称	依托单位
80	天津市智能机器人技术重点实验室	南开大学
81	天津市肿瘤免疫与生物治疗重点实验室	天津医科大学
82	天津市功能影像重点实验室	天津医科大学
83	天津市有机太阳能电池与光化学转换重点实验室	天津理工大学
84	天津市心血管重塑与靶器官损伤重点实验室	中国人民武装警察部队特色医学中心
85	天津市电子材料与器件重点实验室	河北工业大学
86	天津市航空电子综合显示控制重点实验室	中国航天科工集团第三研究院第八三五七研究所
87	天津市脑血管与神经变性重点实验室	天津市环湖医院
88	天津市生物传感与分子识别重点实验室	南开大学
89	天津市室内空气环境质量控制重点实验室	天津大学
90	天津市复杂管理系统重点实验室	天津大学
91	天津市心血管病离子与分子机能重点实验室	天津医科大学
92	天津市轻工与食品工程机械装备集成设计与在线监控重点实验室	天津科技大学
93	天津市先进机电系统设计与智能控制重点实验室	天津理工大学
94	天津市神经创伤修复重点实验室	中国人民武装警察部队特色医学中心
95	天津市材料层状复合与界面控制技术重点实验室	河北工业大学
96	天津市光电传感器与传感网络技术重点实验室	南开大学
97	天津市分子光电科学重点实验室	天津大学
98	天津市集成光电子技术与器件重点实验室	天津大学
99	天津市成像与感知微电子技术重点实验室	天津大学
100	天津市先进网络技术与应用重点实验室	天津大学
101	天津市代谢性疾病重点实验室	天津医科大学
102	天津市光电检测技术与系统重点实验室	天津工业大学
103	天津市先进多孔功能材料重点实验室	天津理工大学
104	天津市无线移动通信与无线电能传输重点实验室	天津师范大学
105	天津市土木建筑结构防护与加固重点实验室	天津城建大学
106	天津市急腹症器官损伤与中西医修复重点实验室	天津市南开医院
107	天津市微低重力环境模拟技术重点实验室	天津航天机电设备研究所

续表

序号	名称	依托单位
		北京控制工程研究所
108	天津市食品科学与健康重点实验室	南开大学
109	天津市功能晶体材料重点实验室	天津理工大学
110	天津市脑科学与神经工程重点实验室	天津大学
111	天津市机器学习重点实验室	天津大学
112	天津市新能源汽车动力传动与安全技术重点实验室	河北工业大学
113	天津市网络与数据安全技术重点实验室	南开大学
114	天津市自主智能技术与系统重点实验室	天津工业大学
115	天津市装配式建筑与智能建造重点实验室	河北工业大学
116	天津市智慧能源与信息技术重点实验室	天津大学
117	天津市医药数据分析与统计研究重点实验室	南开大学
118	天津市中药质量标志物重点实验室	天津药物研究院有限公司
119	天津市生物大分子结构功能与应用重点实验室	天津大学
120	天津市绿色化工过程工程重点实验室	天津工业大学
121	天津市稀土材料与应用重点实验室	南开大学
122	天津市建筑绿色功能材料重点实验室	天津城建大学
123	天津市卤水化工与资源生态化利用重点实验室	天津科技大学
124	天津市本质安全化工技术重点实验室	河北工业大学
125	天津市脊柱脊髓重点实验室	天津医科大学
126	天津市血液病基因治疗研究重点实验室	中国医学科学院血液病医院（血液学研究所）
127	天津市人类发育与生殖调控重点实验室	天津市中心妇产科医院
128	天津市炎症生物学重点实验室	天津医科大学
129	天津市肿瘤分子流行病重点实验室	天津医科大学
130	天津市视网膜功能与疾病重点实验室	天津医科大学
131	天津市中医方证转化研究重点实验室	天津中医药大学
132	天津市环境营养与人群健康重点实验室	天津医科大学
133	天津市肝脏胰腺纤维化与分子诊疗重点实验室	中国人民武装警察部队特色医学中心
134	天津市灾难医学技术重点实验室	天津大学

续表

序号	名称	依托单位
135	天津市生物质废物利用重点实验室	天津大学
136	天津市跨介质复合污染环境治理技术重点实验室	南开大学
137	天津市环渤海关键带科学与可持续发展重点实验室	天津大学
138	天津市危险废弃物安全处置与资源化技术重点实验室	天津理工大学
139	天津市清洁能源利用与污染物控制重点实验室	河北工业大学
140	天津市农业动物繁育与健康养殖重点实验室	天津农学院
141	天津市农作物遗传育种重点实验室	天津市农业科学院
142	天津市微尺度光学信息技术科学重点实验室	南开大学
143	天津市类脑智能技术重点实验室	天津大学
144	天津市化工安全与装备技术重点实验室	天津大学
145	天津市建筑环境与能源重点实验室	天津大学
146	天津市城市交通污染防治研究重点实验室	南开大学
147	天津市药物靶向与生物成像重点实验室	天津理工大学
148	天津市口岸非传统安全（NTS）风险防控科学与技术重点实验室	天津海关
149	天津市生物电工与智能健康重点实验室	河北工业大学
150	天津市动物多样性保护与利用重点实验室	天津师范大学
151	天津市海洋气象重点实验室	天津市气象局
152	天津市女性生殖健康与优生重点实验室	天津医科大学
153	天津市骨科生物力学与医学工程重点实验室	天津市天津医院
154	天津市听觉言语与平衡医学重点实验室	天津市第一中心医院
155	天津市消化病学重点实验室	天津医科大学
156	天津市肺脏再生医学重点实验室	天津市海河医院
157	天津市细胞稳态与重大疾病重点实验室	天津医科大学
158	天津市早产儿器官发育表观遗传重点实验室	天津市第五中心医院
159	天津市血液病细胞治疗研究重点实验室	中国医学科学院血液病医院 （中国医学科学院血液学研究所）
160	天津市儿童出生缺陷防治重点实验室	天津市儿童医院
161	天津市口腔功能重建重点实验室	天津市口腔医院

天津市企业重点实验室（212个）

序号	名称	依托单位
1	天津市膜技术与水资源化工程企业重点实验室	天津膜天膜科技股份有限公司
2	天津市绿色反应工程企业重点实验室	中国天辰工程有限公司
3	天津市先进锂离子电池材料企业重点实验室	天津巴莫科技有限责任公司
4	天津市功能高分子材料企业重点实验室	天津市合成材料工业研究所
5	天津市盐化工企业重点实验室	中盐制盐工程技术研究院
6	天津市中药质量控制企业重点实验室	天津中新药业集团股份有限公司
7	天津市蔬菜遗传育种企业重点实验室	天津科润农业科技股份有限公司
8	天津市组分中药企业重点实验室	天士力控股集团有限公司
9	天津市杂交粳稻企业重点实验室	天津天隆农业科技有限公司
10	天津市甾体药物企业重点实验室	天津药业集团有限公司
11	天津市汽车模具技术企业重点实验室	天津汽车模具股份有限公司
12	天津市汽车电子与硬件在环测试企业重点实验室	中国汽车技术研究中心
13	天津市工程机械再制造技术企业重点实验室	天津工程机械研究院
14	天津市基础设施耐久性企业重点实验室	天津市市政工程设计研究院
15	天津市油井管工程企业重点实验室	天津钢管集团股份有限公司
16	天津市桥梁工程企业重点实验室	天津城建设计院有限公司
17	天津市建筑工程材料企业重点实验室	天津冶建特种材料有限公司
18	天津市风味食品配料企业重点实验室	天津春发生物科技集团有限公司
19	天津市功能食品量效关系分析企业重点实验室	天津市食品研究所有限公司
20	天津市药物组分企业重点实验室	天津红日药业股份有限公司
21	天津市绿色橡胶助剂企业重点实验室	科迈化工股份有限公司
22	天津市激光打印技术企业重点实验室	天津光电通信技术有限公司
23	天津市汽车振动噪声与声学工程企业重点实验室	中国汽车技术研究中心
24	天津市焊接材料企业重点实验室	天津大桥焊材集团有限公司
25	天津市纺织化学品企业重点实验室	天津德凯化工股份有限公司
26	天津市抗恶劣环境特种计算机企业重点实验室	天津七所精密机电技术有限公司
27	天津市影像材料企业重点实验室	天津美迪亚影像材料有限公司
28	天津市铝合金结构材料企业重点实验室	天津立中合金集团有限公司
29	天津市锂离子动力电池企业重点实验室	天津市捷威动力工业有限公司

续表

序号	名称	依托单位
30	天津市海量数据处理技术重点实验室	天津神舟通用数据技术有限公司
31	天津市电线电缆及材料企业重点实验室	天津市安正电力高分子材料有限公司
32	天津市含重金属污水处理与资源回用企业重点实验室	天津滨环化学工程技术研究院有限公司
33	天津市糊树脂企业重点实验室	天津渤天化工有限责任公司
34	天津市干细胞再生医学转化企业重点实验室	天津和泽干细胞科技有限公司
35	天津市临床分子诊断企业重点实验室	天津华大基因科技有限公司
36	天津市固体废弃物处理与利用企业重点实验室	天津泰达环保有限公司
37	天津市介入医疗器械企业重点实验室	赛诺医疗科学技术股份有限公司
38	天津市临床免疫分析技术企业重点实验室	天津市协和医药科技集团有限公司
39	天津市航空配电系统企业重点实验室	天津航空机电有限公司
40	天津市手性和晶型药物制备技术企业重点实验室	天津药物研究院药业有限责任公司
41	天津市动物化学药物制剂企业重点实验室	瑞普（天津）生物药业有限公司
42	天津市化学药品杂质分析企业重点实验室	天津市汉康医药生物技术有限公司
43	天津市疏浚工程技术企业重点实验室	中交天津港航勘察设计研究院有限公司
44	天津市眼科数字化诊断设备及信息系统企业重点实验室	天津市索维电子技术有限公司
45	天津市中药注射剂安全性评价企业重点实验室	天津天士力之骄药业有限公司
46	天津市数字放射诊断医学影像技术企业重点实验室	邦盛医疗装备（天津）股份有限公司
47	天津市自主可控服务器企业重点实验室	曙光信息产业股份有限公司
48	天津市呼吸道细菌重组及结合疫苗企业重点实验室	天津康希诺生物技术有限公司
49	天津市病毒性肿瘤治疗疫苗企业重点实验室	天津百若克医药生物技术有限责任公司
50	天津市电工铜质线材企业重点实验室	天津华北集团有限公司
51	天津市氟塑料企业重点实验室	天津市天塑科技集团有限公司
52	天津市公共安全防范技术企业重点实验室	天津天地伟业物联网技术有限公司
53	天津市水污染控制与生态修复技术企业重点实验室	天津市联合环保工程设计有限公司
54	天津市移动健康监测医疗电子设备企业重点实验室	天津九安医疗电子股份有限公司
55	天津市海洋石油开发污染防治技术企业重点实验室	中海石油环保服务（天津）有限公司
56	天津市药用植物细胞规模培养企业重点实验室	天津艾赛博生物技术有限公司
57	天津市锂电池负极材料企业重点实验室	天津市贝特瑞新能源科技有限公司
58	天津市医用药用聚乙二醇高分子材料企业重点实验室	天津键凯科技有限公司

续表

序号	名称	依托单位
59	天津市光伏逆变器及调速装置企业重点实验室	天津电气科学研究院有限公司
60	天津市高性能预应力钢铁材料企业重点实验室	天津银龙预应力材料股份有限公司
61	天津市耐高温工业酶企业重点实验室	天津强微特生物科技有限公司
62	天津市高分遥感信息技术企业重点实验室	中科遥感科技集团有限公司
63	天津市长效重组融合蛋白企业重点实验室	天津溥瀛生物技术有限公司
64	天津市特种工业防腐涂料企业重点实验室	中远关西涂料化工（天津）有限公司
65	天津市关节软骨再生医学企业重点实验室	关节动力安达（天津）生物科技有限公司
66	天津市应急抢险救援装置企业重点实验室	天津神封科技发展有限公司
67	天津市车用功能塑料企业重点实验室	天津金发新材料有限公司
68	天津市汽车流体管路系统企业重点实验室	天津鹏翎集团股份有限公司
69	天津市淡水鱼类遗传育种企业重点实验室	天津市换新水产良种场
70	天津市细菌性多糖疫苗企业重点实验室	天津生物化学制药有限公司
71	天津市新型塑料管材企业重点实验室	天津军星管业集团有限公司
72	天津市景观生态修复企业重点实验室	天津绿茵景观生态建设股份有限公司
73	天津市溢油应急技术企业重点实验室	天津汉海环保设备有限公司
74	天津市节水灌溉装备企业重点实验室	大禹节水（天津）有限公司
75	天津市非离子表面活性剂企业重点实验室	天津天女化工集团股份有限公司
76	天津市干式变压器企业重点实验室	天津市特变电工变压器有限公司
77	天津市分子筛催化材料企业重点实验室	天津众智科技有限公司
78	天津市砂加气建筑材料企业重点实验室	天津天筑建材有限公司
79	天津市棕榈油资源高效增值技术企业重点实验室	天津聚龙嘉华投资集团有限公司
80	天津市安全防范图像处理与智能控制企业重点实验室	天津市亚安科技股份有限公司
81	天津市阻燃纺织品企业重点实验室	天津天纺投资控股有限公司
82	天津市汽车装饰性部件表面处理技术企业重点实验室	天津市精美特表面技术有限公司
83	天津市鱼糜高值转化及品质控制技术企业重点实验室	天津市宽达水产食品有限公司
84	天津市奶牛营养调控技术企业重点实验室	天津市今日健康乳业有限公司
85	天津市葡萄遗传与育种企业重点实验室	天津双街农业科技开发有限公司
86	天津市砷化镓光伏技术企业重点实验室	天津蓝天太阳科技有限公司
87	天津市水产养殖生物营养源企业重点实验室	天津海友佳音生物科技股份有限公司

续表

序号	名称	依托单位
88	天津市畜禽血液功能蛋白分离与利用企业重点实验室	天津宝迪农业科技股份有限公司
89	天津市水性汽车涂料企业重点实验室	天津科瑞达涂料化工有限公司
90	天津市聚甲醛工程塑料改性企业重点实验室	天津渤化永利化工股份有限公司
91	天津市名优花卉组织培养技术企业重点实验室	天津滨城龙达集团有限公司
92	天津市焊接钢管企业重点实验室	天津市联众钢管有限公司
93	天津市汽车在线电子控制技术企业重点实验室	天津市优耐特汽车电控技术服务有限公司
94	天津市高品质顺酐企业重点实验室	天津渤化中河化工有限公司
95	天津市汽车同步器企业重点实验室	天津天海同步科技股份有限公司
96	天津市轨道交通牵引供电技术企业重点实验室	川铁电气（天津）集团有限公司
97	天津市超高密度数据中心处理技术企业重点实验室	天津卓朗科技发展有限公司
98	天津市云计算应用企业重点实验室	汉柏科技有限公司
99	天津市液化天然气加注装备企业重点实验室	天津华迈燃气装备股份有限公司
100	天津市潜油电泵企业重点实验室	天津荣亨集团股份有限公司
101	天津市水运工程测绘技术企业重点实验室	天津水运工程勘察设计院
102	天津市热轧大型钢装备及工艺企业重点实验室	天津市中重科技工程有限公司
103	天津市医用检测微流控芯片企业重点实验室	天津微纳芯科技有限公司
104	天津市果蔬质量安全监控企业重点实验室	天津市傲绿农副产品集团股份有限公司
105	天津市污泥处理及资源化技术企业重点实验室	天津市裕川置业集团有限公司
106	天津市特种有机光电功能材料企业重点实验室	天津孚信达光电科技有限公司
107	天津市抗肿瘤放射性药物企业重点实验室	天津赛德生物制药有限公司
108	天津市医用高分子输注器械与材料企业重点实验室	天津哈娜好医材有限公司
109	天津市血液灌流技术企业重点实验室	天津市紫波高科技有限公司
110	天津市超高性能混凝土制备技术企业重点实验室	天津市泽宝水泥制品有限公司
111	天津市食用菌液体菌种企业重点实验室	天津宝地农业科技发展有限公司
112	天津市轨道交通供电系统安全与控制技术企业重点实验室	天津凯发电气股份有限公司
113	天津市硅单晶企业重点实验室	天津市环欧半导体材料技术有限公司
114	天津市电动汽车评价技术企业重点实验室	中国汽车技术研究中心
115	天津市安防监控物联网技术企业重点实验室	中星电子股份有限公司
116	天津市高速铁路无线通信系统企业重点实验室	天津七一二通信广播有限公司
117	天津市半导体发光二极管芯片企业重点实验室	天津三安光电有限公司

续表

序号	名称	依托单位
118	天津市智能卡终端与系统集成技术企业重点实验室	天津环球磁卡股份有限公司
119	天津市大数据分析应用企业重点实验室	软通动力信息技术有限公司
120	天津市创新药物早期成药性评价企业重点实验室	天津国际生物医药联合研究院有限公司
121	天津市中药饮片炮制技术企业重点实验室	盛实百草药业有限公司
122	天津市药物绿色合成技术企业重点实验室	凯莱英医药集团（天津）股份有限公司
123	天津市发酵调味品企业重点实验室	天津市利民调料有限公司
124	天津市血液细胞治疗技术企业重点实验室	协和干细胞基因工程有限公司
125	天津市骨科植入物疲劳分析企业重点实验室	天津市威曼生物材料有限公司
126	天津市饲用微生物制剂企业重点实验室	鼎正动物药业（天津）有限公司
127	天津市奶牛营养代谢病企业重点实验室	天津嘉立荷牧业集团有限公司
128	天津市新型特种植物纤维材料企业重点实验室	天津生隆纤维制品有限公司
129	天津市难溶性化学药物控制释放技术企业重点实验室	天津华津制药有限公司
130	天津市隧道设计及安全评估企业重点实验室	中铁第六勘察设计院集团有限公司
131	天津市土木工程绿色建造与节能技术企业重点实验室	中国建筑第六工程局有限公司
132	天津市汽车轻量化注塑模具企业重点实验室	天津银宝山新科技有限公司
133	天津市铁路道岔转换技术企业重点实验室	天津铁路信号有限责任公司
134	天津市精密零部件加工及非标装备制造技术企业重点实验室	天津宝涞精工集团股份有限公司
135	天津市潜没电机企业重点实验室	天津市百成油田采油设备制造有限公司
136	天津市镁合金型材挤压成型技术企业重点实验室	天津东义镁制品股份有限公司
137	天津市高性能锂电池电解液企业重点实验室	天津金牛电源材料有限责任公司
138	天津市建筑玻璃结构功能优化技术企业重点实验室	天津北玻玻璃工业技术有限公司
139	天津市特种功能性聚酯薄膜材料企业重点实验室	天津世起科技发展有限公司
140	天津市高分子建筑防水卷材企业重点实验室	天津市禹红建筑防水材料有限公司
141	天津市高端装备制造焊接材料及技术企业重点实验室	天津市永昌焊丝有限公司
142	天津市复杂条件钻井液企业重点实验室	中国石油集团渤海钻探工程有限公司
143	天津市管道加工与焊接技术企业重点实验室	中国能源建设集团天津电力建设有限公司
144	天津市智能遥感信息处理技术企业重点实验室	天津航天中为数据系统科技有限公司
145	天津市城镇燃气应用技术企业重点实验室	中国市政工程华北设计研究总院有限公司
146	天津市航空航天高温合金材料企业重点实验室	天津冶金集团天材科技发展有限公司
147	天津市环境监测技术企业重点实验室	天津同阳科技发展有限公司

续表

序号	名称	依托单位
148	天津市电梯钢丝绳企业重点实验室	天津高盛钢丝绳有限公司
149	天津市航空航天特种涂料企业重点实验室	天津灯塔涂料有限公司
150	天津市水族动物功能性饲料企业重点实验室	天津市晨辉饲料有限公司
151	天津市多类型组织信息融合系统企业重点实验室	天津市天房科技发展股份有限公司
152	天津市中式传统面制食品加工技术企业重点实验室	天津狗不理食品股份有限公司
153	天津市水力发电设备企业重点实验室	天津市天发重型水电设备制造有限公司
154	天津市中药固体制剂关键技术企业重点实验室	天津同仁堂集团股份有限公司
155	天津市粉雾吸入药物企业重点实验室	天津信诺制药有限公司
156	天津市聚苯乙烯类树脂改性企业重点实验室	天津大沽化工股份有限公司
157	天津市助航集成系统企业重点实验室	天津天元海科技开发有限公司
158	天津市肿瘤免疫治疗药物企业重点实验室	天津红日药业股份有限公司
159	天津市新型塑料包装材料企业重点实验室	天津市旭辉恒远塑料包装股份有限公司
160	天津市电力物联网企业重点实验室	国网天津市电力公司
161	天津市微特电机技术企业重点实验室	中国船舶重工集团第七〇七研究所
162	天津市输水系统水锤阀门控制技术企业重点实验室	博纳斯威阀门股份有限公司
163	天津市工程救援装备技术研究企业重点实验室	天津移山工程机械有限公司
164	天津市制冷空调压缩机技术企业重点实验室	丹佛斯（天津）有限公司
165	天津市机械零部件冲压加工与叠装成型技术企业重点实验室	天津东方兴泰工业科技股份有限公司
166	天津市现代中药资源研究企业重点实验室	天津天士力现代中药资源有限公司
167	天津市骨植入物界面功能化与个性化研究企业重点实验室	嘉思特华剑医疗器材（天津）有限公司
168	天津市亚单位疫苗新技术研究企业重点实验室	中逸安科生物技术股份有限公司
169	天津市肺部给药关键技术企业重点实验室	盈科瑞（天津）创新医药研究有限公司
170	天津市血液单细胞基因组学企业重点实验室	天津诺禾致源生物信息科技有限公司
171	天津市工业节水与废水资源化企业重点实验室	中海油天津化工研究设计院有限公司
172	天津市中微量元素肥研制与应用企业重点实验室	天津水泥工业设计研究院有限公司
173	天津市标签企业重点实验室	竹林伟业科技发展（天津）股份有限公司
174	天津市动物寄生虫病企业重点实验室	天津赫莱恩特生物科技有限公司
175	天津市绿色海水水处理药剂企业重点实验室	天津市中海水处理科技有限公司
176	天津市水下隧道建设与运维技术企业重点实验室	中交第一航务工程局有限公司
177	天津市宇航智能装备技术企业重点实验室	天津航天机电设备研究所

续表

序号	名称	依托单位
178	天津市侵袭性真菌病精准诊断技术企业重点实验室	丹娜（天津）生物科技有限公司
179	天津市海洋工程先进焊接制造与评价企业重点实验室	海洋石油工程股份有限公司
180	天津市工业微生物企业重点实验室	天津市工业微生物研究所有限公司
181	天津市生物大分子药物企业重点实验室	杰科（天津）生物医药有限公司
182	天津市大型锻件模锻成形企业重点实验室	天津重型装备工程研究有限公司
183	天津市先进焊接与连接技术企业重点实验室	天津航天长征火箭制造有限公司
184	天津市海底管道企业重点实验室	中海油（天津）管道工程技术有限公司
185	天津市高精密机械手表企业重点实验室	天津海鸥表业集团有限公司
186	天津市工业烟气超低排放技术企业重点实验室	航天环境工程有限公司
187	天津市互联网电视企业重点实验室	未来电视有限公司
188	天津市骨科内植入物功能及材料企业重点实验室	天津正天医疗器械有限公司
189	天津市细胞药物工程技术企业重点实验室	天津昂赛细胞基因工程有限公司
190	天津市智能网联汽车系统集成与仿真测评技术企业重点实验室	中汽数据（天津）有限公司
191	天津市地基与基础工程企业重点实验室	中国水电基础局有限公司
192	天津市稀土永磁及器件研发企业重点实验室	天津博雅全鑫磁电科技有限公司
193	天津市钨钼及复合材料企业重点实验室	安泰天龙钨钼科技有限公司
194	天津市固态电池关键材料技术企业重点实验室	天津国安盟固利新材料科技股份有限公司
195	天津市节能玻璃企业重点实验室	天津耀皮工程玻璃有限公司
196	天津市汽车进气系统节能技术企业重点实验室	天津博顿电子有限公司
197	天津市化学发光与快速诊断分析技术企业重点实验室	博奥赛斯（天津）生物科技有限公司
198	天津市血液病理智能化诊断企业重点实验室	天津见康华美医学诊断技术有限公司
199	天津市天然活性成分护肤技术及安全性评估企业重点实验室	天津郁美净集团有限公司
200	天津市医用质谱精准诊断企业重点实验室	天津国科医工科技发展有限公司
201	天津市透明质酸应用研究企业重点实验室	天津市康婷生物工程有限公司
202	天津市脓毒症治疗药物关键技术企业重点实验室	天津红日药业股份有限公司
203	天津市制药过程控制与绿色工艺企业重点实验室	天津天药药业股份有限公司
204	天津市海洋石油环境和储层低伤害钻完井液企业重点实验室	中海油田服务股份有限公司
205	天津市空间电能源控制技术企业重点实验室	中国电子科技集团公司第十八研究所
206	天津市路桥工程材料企业重点实验室	中国电建市政建设集团有限公司
207	天津市三次采油与油田化学企业重点实验室	大港油田集团有限责任公司

续表

序号	名称	依托单位
208	天津市先进液体燃料绿色合成企业重点实验室	天津大学滨海工业研究院有限公司
209	天津市水下智能无人系统企业重点实验室	深之蓝海洋科技股份有限公司
210	天津市飞行仿真企业重点实验室	天津华翼蓝天科技股份有限公司
211	天津市特膳食品安全与检测关键技术企业重点实验室	谱尼测试科技（天津）有限公司
212	天津市临床多组学企业重点实验室	谱天（天津）生物科技有限公司

天津市市级科技企业孵化器（47个）

序号	名称	序号	名称
1	天津中关村科技园运营服务有限公司	25	天津市环兴科技企业管理有限公司
2	天津泰达产业发展集团有限公司	26	天津通业科技企业孵化器有限公司
3	天津同方科技园有限公司	27	天津鑫恩华企业孵化器有限公司
4	天津天保房地产开发有限公司	28	天津市万江商业运营管理有限公司
5	天津大学滨海工业研究院有限公司	29	天津南开启航科技创新产业发展有限公司
6	天津市滨海新区塘沽海洋高新技术开发区创业服务中心	30	天津东方嘉诚文化创意产业园有限公司
7	天津中科先进技术产业有限公司	31	科大天工智能装备技术（天津）有限公司
8	航天神舟科技发展有限公司	32	天津滨航科技企业孵化器有限公司
9	天津海高融创科技发展有限公司	33	天津天创科技孵化器有限公司
10	天津众禾孵化器有限公司	34	天津奥中科技企业孵化器有限公司
11	天津汇众创业服务有限公司	35	天津青奥华阳科技有限公司
12	天津中关村信息谷科技服务有限公司	36	天津福布思企业孵化器有限公司
13	浙江大学滨海产业技术研究院	37	天津启迪协信科技孵化器有限公司
14	天津启迪创业孵化器有限公司	38	天津锦联新经济产业园开发有限公司
15	天津海开信创产业发展有限公司	39	天津华易智诚科技发展有限公司
16	天津海量重度大数据企业孵化器有限公司	40	天津创龙创业服务有限公司
17	启迪之星（天津）创业咨询服务有限公司	41	天津市南大天乐科技有限公司
18	天津滨海新区港博科技孵化器服务有限公司	42	天津北达科技企业孵化器有限公司
19	天津纺织机械有限责任公司	43	天津微米科技企业孵化器有限公司
20	天津鑫帅领园区管理有限公司	44	天津京津中关村科技城发展有限公司
21	天津妇女创业服务有限公司	45	天津东旺塑料科技孵化器有限公司
22	天津易创企业孵化器有限公司	46	天津北大科技园有限公司
23	戈德（天津）企业孵化器有限公司	47	天津恒兴科技企业孵化器有限公司
24	天津恩华产业园管理有限公司		

天津市产业技术创新战略联盟（92 个）①

序号	名称	序号	名称
1	天河超级计算工程仿真集成设计技术创新联盟	27	清真食品产业技术创新战略联盟
2	天津市分布式发电与微电网产业技术创新战略联盟	28	京津冀生态景观及立体绿化产业技术创新战略联盟
3	天津市半导体光源系统产业技术创新战略联盟	29	天津市肥料产业技术创新战略联盟
4	天津市集成电路产业创新产学研联盟	30	恶臭污染控制产业技术创新战略联盟
5	天津精细化学品绿色过程产业技术创新战略联盟	31	城市固体废物产业技术创新战略联盟
6	天津市机器人产业技术创新战略联盟	32	天津绿色建筑产业技术创新战略联盟
7	天津市现代纺织服装产业技术创新战略联盟	33	污染场地修复产业技术创新战略联盟
8	天津滨海新区智能制造产业技术创新战略联盟	34	天津市产业共生技术创新战略联盟
9	地热能高效利用产业技术创新战略联盟	35	中国北方科教仪器产业创新联盟
10	演艺装备产业技术创新战略联盟	36	装配式模块建筑产业创新联盟
11	工业酶产业技术创新战略联盟	37	物联网电子信息产业技术创新联盟
12	天津滨海抗癌新药创制产业技术创新战略联盟	38	新能源及智能网联汽车检验检测创新联盟
13	天津滨海新区转化医学产业技术创新联盟	39	信息安全产业创新联盟
14	功能食品产业技术创新战略联盟	40	天津功能高分子材料产业技术创新联盟
15	天津市医疗器械产业技术创新战略联盟	41	天津轨道交通产业技术创新联盟
16	中国蛋白药物质量联盟	42	中国通用设备安全节能创新战略联盟
17	中药注射剂产学研合作组织	43	天津市自动化与信息化技术创新战略联盟
18	华夏干细胞产业技术创新战略联盟	44	电梯产业技术创新联盟
19	食品安全检测与加工过程控制产业技术创新战略联盟	45	天津高端加工产业技术创新联盟
		46	天津市磁悬浮技术应用产业创新联盟
20	天津市食用菌产业技术创新战略联盟	47	天津市水力发电设备产业技术创新联盟
21	兽用化学药品产业技术创新战略联盟（SUVP）	48	药用辅料产业技术创新联盟
22	杂交水稻产业技术创新战略联盟	49	绿色制药技术创新联盟
23	农产品贮运保鲜产业技术创新战略联盟	50	移动医疗健康产业创新联盟
24	节水灌溉产业技术创新战略联盟	51	天津市医学虚拟现实技术产业创新联盟
25	滨海新区海水工厂化产业技术创新战略联盟	52	天津市手性和晶型药物制备技术产业创新战略联盟
26	非粮能源作物种业产业技术创新战略联盟		

续表

序号	名称
53	天津市外科植入物及再生医用生物材料创新战略联盟
54	天津市医学基因组学创新联盟
55	天津市农牧产业技术创新战略联盟
56	城市绿地生态建设产业技术创新联盟
57	天津都市型奶业技术创新联盟
58	水产食品技术创新联盟
59	天津市中兽药产业技术创新战略联盟
60	天津淡水鱼养殖产业技术创新战略联盟
61	天津市水环境产业技术创新联盟
62	天津市大气污染防治产业技术创新联盟
63	天津市绿色建筑材料产业技术创新联盟
64	天津市智能电气产业技术创新战略联盟
65	北方设计联盟（天津市工程设计创新联盟）
66	天津小分子化学药产学研用创新联盟
67	制剂国际化创新企业联盟
68	天津市海绵城市建设产业技术创新联盟
69	天津市建筑信息模型（BIM）技术创新联盟
70	天津市装配式建筑产业技术创新联盟
71	天津市智能车辆产业技术创新联盟
72	中国智慧能源与智能微电网产业技术创新联盟
73	智慧金融大数据安全系统创新联盟
74	轨道交通高性能材料产业创新联盟
75	天津市高端装备检验检测产业创新联盟
76	半导体光电材料产业创新联盟
77	天津中药智能制造创新联盟
78	天津市果蔬全产业链融合技术创新战略联盟
79	天津市花卉产业技术创新战略联盟
80	京津冀微藻与水族产业技术创新联盟
81	中国盐碱地生态产业技术创新战略联盟
82	公共安全应急产业创新联盟
83	先进通信产业链创新联盟
84	天津市新能源汽车产业联盟
85	安全可控信息系统产业联盟
86	天津市骨科定制式植入物（3D 打印）技术产业创新联盟
87	无菌技术产学研用创新联盟
88	天津市水稻产业创新联盟
89	天津新兴调味品产业创新联盟
90	（天津）智慧水利产业技术创新战略联盟
91	燃气高效利用产业技术创新联盟
92	天津市智能终端装备产业技术创新战略联盟

注：①本表为 2018 年备案的天津市产业技术创新战略联盟。

天津市两院院士名录

中国科学院院士（18 名）

姓名	单位	姓名	单位
余国琮	天津大学	龙以明	南开大学
刘广均	核工业理化工程研究院	张伟平	南开大学
周　恒	天津大学	宋礼成	南开大学
张春霆	天津大学	周其林	南开大学
彭一刚	天津大学	陈永川	南开大学
姚建铨	天津大学	刘丛强	天津大学
程津培	南开大学	陈　军	南开大学
葛墨林	南开大学	卜显和	南开大学
饶子和	南开大学	元英进	天津大学

中国工程院院士（20 名）

姓名	单位	姓名	单位
邹　竞	天津大学	陈予恕	天津大学
钱皋韵	核工业理化工程研究院	吴以成	天津理工大学
汪顺亭	中国船舶重工集团公司第七〇七研究所	余贻鑫	天津大学
吴咸中	天津医科大学	张伯礼	天津中医药大学
王静康	天津大学	曹雪涛	南开大学
石学敏	天津中医药大学第一附属医院	金东寒	天津大学
李猷嘉	中国市政工程华北设计研究总院有限公司	苏万华	天津大学
叶声华	天津大学	夏长亮	天津工业大学
郝希山	天津医科大学肿瘤医院	王成山	天津大学
刘昌孝	天津药物研究院有限公司	王树新	天津大学

注：截至 2021 年 12 月 31 日。

第十一部分

主要统计指标解释

科学研究和技术服务业机构

一、人员指标

1. **从业人员：**指由调查单位年末直接组织安排工作并支付工资的各类人员总数，包括在岗职工、劳务派遣人员和返聘的离退休人员，不包括离退休人员、停薪留职人员。

2. **科技活动人员：**指从业人员中的科技管理人员、科研业务人员和科技服务人员。

3. **外聘的流动学者：**外聘短期或长期的访问学者、研究人员（编制在其他单位）。

4. **非本单位在读研究生：**指报告期内调查单位招收的在读研究生，不包括本单位在职职工在本单位就读的研究生。

5. **离退休人员：**指报告期内调查单位人事管理部门管理的仍在世的离退休人员累计数。

6. **科技管理人员：**指调查单位领导及业务、人事管理人员，包括调查单位领导，从事科技计划管理、课题管理、成果管理、专利管理、科技统计、科技档案管理、科技外事工作、人事管理、教育培训、财务等与科技活动有关的人员。

7. **科技服务人员：**指直接为调查单位提供科技工作服务的各类人员，如从事图书、信息与文献、测试、试制、咨询、物资器材供应等工作的人员，以及实验室、试验工厂（车间）、试验农场的人员。不包括司机、门卫、食堂人员、医务人员、清洁工、幼儿园和托儿所的工作人员，以及主要从事生产、经营活动人员。

8. **生产经营活动人员：**指主要从事定型产品的批量生产，单位内部招待所、商店、出版印刷等生产经营和对外服务活动的人员。在单位办经济实体中的院所编制人员也应包括在内。

9. **其他人员：**指从业人员中除了从事科技活动和生产、经营活动人员以外的其余人员，包括从事医疗、工程设计、教学培训和生活后勤服务人员等。

10. **高级职称：**指研究员、副研究员，教授、副教授，高级工程师，高级农艺师，正、副主任医（药、护、技）师，高级实验师，高级统计师，高级经济师，高级会计师，编审（正、副编审），译审（正、副译审），高级（主任）记者，正、副研究馆员等。

11. **中级职称：**指助理研究员、讲师、工程师、农艺师、主治医（药、护、技）师、实验师、统计师、经济师、会计师、编辑、翻译、记者、馆员等。

12. **初级职称：**指研究实习员，助教，助理工程师、技术员，助理农艺师、农业技术员，医（药、护、技）师、医（药、护、技）士，助理实验师、实验员，助理统计师、统计员，助理经济师，助理会计师、会计员，助理编辑、见习编辑，助理翻译，助理记者，助理馆员、管理员等。

13. **R&D 人员：**指报告期内调查单位 R&D 活动单位中从事基础研究、应用研究和试验发展活动的人员。包括①直接参加 R&D 活动的人员；②与 R&D 活动相关的管理人员和直接服务人员，即直接为 R&D 活动提供资料文献、材料供应、设备维护等服务的人员。不包括为 R&D 活动提供间接服务的人员，如餐饮服务、安保人员等，也不包括全年从事 R&D 活动工作量不到 0.1 年的人员。

14. **R&D 全时人员：**指报告期内调查单位从事 R&D 活动的实际工作时间占制度工作时间 90% 及以

上的人员，其全时当量计为 1 人年。

15. **R&D 非全时人员：** 指报告期内调查单位从事 R&D 活动的实际工作时间占制度工作时间 10%（含）～ 90%（不含）的人员，其全时当量按工作时间比例计为 0.1 ～ 0.9 人年；从事 R&D 活动的实际工作时间占制度工作时间不足 10% 的人员，不计入 R&D 人员，也不计算全时当量。

16. **R&D 人员折合全时当量：** 指报告期内调查单位 R&D 人员按实际从事 R&D 活动时间计算的工作量，以“人年”为计量单位。是全时人员折合全时当量与所有非全时人员工作量之和，结果取整数。一个全时人员的折合全时当量计为 1，非全时人员按实际投入工作量进行累加。

17. **研究人员：** 指从事新知识、新产品、新工艺、新方法、新系统的构想或创造的专业人员及 R&D 项目（课题）主要负责人员和 R&D 机构的高级管理人员。

18. **专业技术人员：** 指专门从事科学研究和专业技术工作的人员。

二、经费指标

1. **科技活动收入：** 指报告期内调查单位开展科技活动所获得的收入，无论来源渠道如何。

2. **政府资金：** 指由各级政府部门直接拨款或企、事业单位利用政府资金委托调查单位从事科学技术活动所获得的收入。

3. **财政拨款：** 指报告期内调查单位实际收到的本级财政拨款，含一般公共预算拨款和政府性基金预算拨款，不包括离退休人员的政府拨款。

4. **承担政府科研项目收入：** 指报告期内调查单位为了开展科学研究、新产品试制、中间试验、科技成果示范性推广等科技活动，通过签订协议、合同或其他形式申请并获得的政府经费，包括课题专项、设备专项和其他专项。

5. **技术性收入（事业单位）：** 指本单位从事科学技术活动所获得的非政府资金（毛收入），如企、事业单位和社会团体利用自有资金委托本单位开展科学技术活动所提供的资金，由技术开发收入、技术转让收入、技术咨询及技术服务收入、学术活动和科普活动收入几项合计。

6. **技术性收入（企业）：** 指企业全年用于技术转让、技术承包、技术咨询与服务、技术入股、中试产品收入及接受外单位委托的科研收入等。

技术转让收入：指企业科研与开发活动的成果通过技术贸易、技术转让所获得的收入。

技术承包收入：包括技术项目设计承包、技术工程和技术承包所获得的收入。

技术咨询与服务收入：指企业利用自己的人力、物力和数据系统等为社会和用户提供技术情报、技术资料、技术咨询、测试分析及其他类型的技术服务所获得的收入。

技术开发收入：指企业承担社会各方面委托技术开发活动所获得的收入。

7. **政府委托 / 采购：** 指由各级政府部门使用财政资金，购买或委托企业进行研究开发所获得的收入。

8. **国外委托：** 指中国国外的企业、大学、国际组织、民间组织、金融机构及外国政府委托在中国境内注册的各类企业用于技术开发活动的经费。不包括外国在中国注册的企业提供的技术开发经费。

9. **企业委托：** 指接受其他企业委托本企业从事技术开发活动所获得的收入。

10. **国外资金**：指中国境外的企业、大学、国际组织、民间组织、金融单位及外国政府提供给在中国境内注册的各类单位用于科技活动的经费。不包括外国在中国注册的企业提供的经费。

11. **生产经营活动收入**：指报告期内调查单位在专业业务活动及辅助活动之外开展非独立核算经营活动取得的收入，包括产品（商品）销售收入、经营服务收入、工程承包收入、租赁收入和其他经营收入。

12. **其他收入**：指开展科技活动与生产、经营活动以外的各项收入，包括医院的医疗活动、工程设计活动、教学培训等活动收入和离退休人员拨款。

13. **科技经费内部支出**：指报告期内调查单位用于内部开展科技活动、可在当期直接作为费用计入成本的支出，包括来自科研渠道及其他各种渠道的经费实际用于科技活动支出的费用，以及外协加工费。

14. **生产经营支出**：指报告期内调查单位在专业业务活动及辅助活动之外开展非独立核算经营活动发生的支出。

15. **其他支出**：指开展科技活动与经营活动以外的各项活动的内部支出，包括医院的医疗活动、工程设计活动、教学培训等活动内部支出，离退休人员费用。

16. **日常性支出**：指报告期内调查单位发生的、可在当期直接作为费用计入成本的支出，包括人员劳务费、折旧和摊销，以及其他日常性支出。

人员劳务费：指报告期内调查单位以货币或实物形式直接或间接支付给科技活动人员的劳动报酬及各种费用，包括工资、奖金，以及所有相关费用和福利。

其他日常性支出：指报告期内调查单位用于科技活动而购置的原材料、燃料、动力、工器具等低值易耗品，以及各种相关直接或间接的管理和服务等支出。

17. **资产性支出**：指报告期内调查单位进行固定资产建造、购置、改扩建及大修理等的支出，包括土地与建筑物支出、仪器与设备支出、资本化的计算机软件支出、专利和专有技术支出等。

18. **科技活动经费支出**：指报告期内企业用于开展科技活动的费用合计，包括人员人工费用、直接投入费用、折旧费用与长期待摊费用、无形资产摊销费用、设计费用、装备调试费用与试验费用、委托外部研究开发费用及其他费用。

人员人工费用：指报告期内企业支付给科技活动人员的工资薪金、基本养老保险费、基本医疗保险费、失业保险费、工伤保险费、生育保险费和住房公积金，以及外聘研究开发人员的劳务费用等。

直接投入费用：指报告期内企业为实施科技研究开发活动而实际发生的相关支出。包括直接消耗的材料、燃料和动力费用；用于中间试验和产品试制的模具、工艺装备开发及制造费，不构成固定资产的样品、样机及一般测试手段购置费，试制产品的检验费；用于研究开发活动的仪器、设备的运行维护、调整、检验、检测、维修等费用，以及通过经营租赁方式租入的用于研究开发活动的固定资产租赁费等。

折旧费用与长期待摊费用：指报告期内企业为实施科技活动而购置的仪器和设备及在用建筑物的折旧费用，包括研发设施改建、改装、装修和修理过程中发生的长期待摊费用等。

无形资产摊销费用：指报告期内企业用于研究开发活动的软件、知识产权、非专利技术（专有技术、许可证、设计和计算方法等）的摊销费用等。

设计费用：指报告期内企业为新产品和新工艺进行构思、开发和制造，进行工序、技术规范、规程制定、操作特性方面的设计等发生的费用，包括为获得创新性、创意性、突破性产品进行的创意设计活动发生的相关费用等。

装备调试费用与试验费用：装备调试费用指报告期内企业在工装准备过程中研究开发活动所发生的费用，包括研制特殊、专用的生产机器，改变生产和质量控制程序，或者制定新方法及标准等活动所发生的费用。不包括为大规模批量化和商业化生产所进行的常规性工装准备和工业工程发生的费用。试验费用包括新药研制的临床试验费、勘探开发技术的现场试验费、田间试验费等。

委托外单位开展科技活动的经费：指报告期内企业委托境内外其他机构进行科技活动所发生的费用。

其他费用：指报告期内企业除上述费用之外与科技活动直接相关的其他费用，包括技术图书资料费、资料翻译费、专家咨询费、高新科技研发保险费，研发成果的检索、论证、评审、鉴定、验收费用，知识产权的申请费、注册费、代理费，会议费、差旅费、通信费等。

19. **年末固定资产原价：**指固定资产的成本，包括调查单位在购置、自行建造、安装、改建、扩建、技术改造某项固定资产时所发生的全部支出总额。

科研房屋建筑物：指可直接用于科技活动的各种建筑设施。包括实验楼、实验室、实验性工厂（车间）、农场的有关建筑设施、学术报告场所、科技管理的办公建筑、科技器材物资仓库。不包括食堂、职工宿舍等福利性建筑。若以上各种建筑设施不是用于单一目的，按比例折算分别统计。

科学仪器设备：指从事科技活动的人员直接使用的科研仪器设备。不包括与基建配套的各种动力设备、机械设备、辅助设备，也不包括一般运输工具（科学考察用交通运输工具除外）和专用于生产的仪器设备。若科研与生产共用的仪器设备，则按其使用目的，统计在主要一方（不包括长期闲置的仪器和设备）。

科学仪器设备中进口：指报告期末固定资产中从国外购入的仪器和设备的原价（不包括长期闲置的仪器和设备）。

20. **科学仪器设备：**指纳入单位资产管理并直接服务于各类科技活动的仪器和设备（含配套附件及软件），包括教学仪器设备。不包括与基建配套的各种动力设备、机械设备、辅助设备，也不包括一般运输工具（科学考察用交通运输工具除外）和专用于生产的仪器设备。

21. **R&D 经费内部支出：**指报告期内调查单位内部为实施 R&D 活动而实际发生的全部经费，应按“全成本核算”的口径进行计量。包括人员工资、劳务费、其他日常支出、仪器设备购置费、土地使用和建造费等。不包括与外单位合作研究而拨给对方使用的经费。

人员劳务费：指报告期内调查单位为实施 R&D 活动以货币或实物形式直接或间接支付给 R&D 人员的劳动报酬及各种费用，包括工资、奖金及所有相关费用和福利。非全时人员劳务费应按其从事 R&D 活动实际工作时间进行折算。

其他日常性支出：报告期内调查单位为实施 R&D 活动而购置的原材料、燃料、动力、工器具等低值易耗品，以及各种相关直接或间接的管理和服务等支出。为 R&D 活动提供间接服务的人员费用包括在内。计算 R&D 活动日常支出时，应将整个单位的公共管理费、公用非科研仪器设备购置费等，分摊到单位相应 R&D 活动日常支出中。

22. **基础研究**：是一种不预设任何特定应用或使用目的的实验性或理论性工作，其主要目的是为获得（已发生）现象和可观察事实的基本原理、规律和新知识。基础研究的成果通常表现为提出一般原理、理论或规律，并以论文、著作、研究报告等形式为主。

23. **应用研究**：是为获取新知识，达到某一特定的实际目的或目标而开展的初始性研究。应用研究是为了确定基础研究成果的可能用途，或确定实现特定和预定目标的新方法。其研究成果以论文、著作、研究报告、原理性模型或发明专利等形式为主。

24. **试验发展**：是利用从科学研究、实际经验中获取的知识和研究过程中产生的其他知识，为开发新的产品、工艺或改进现有产品、工艺而进行的系统性研究。其研究成果以专利、专有技术，以及具有新颖性的产品原型、原始样机及装置等形式为主。

25. **R&D 资产性支出**：指报告期内调查单位为实施 R&D 活动而进行固定资产建造、购置、改扩建及大修理等的支出，包括土地与建筑物支出、仪器与设备支出、资本化的计算机软件支出、专利和专有技术支出等。对于 R&D 活动与非 R&D 活动（生产活动、教学活动等）共用的建筑物、仪器与设备等，应按使用面积、时间等进行合理分摊。

土建费：指报告期内调查单位为实施 R&D 活动而购置土地（如测试场地、实验室和中试工厂用地）、建造或购买建筑物而发生的支出，包括大规模扩建、改建和大修理发生的支出。

仪器与设备支出：指报告期内调查单位为实施 R&D 活动而购置的、达到固定资产标准的仪器和设备的支出，包括嵌入软件的支出。

资本化的计算机软件支出：指报告期内调查单位为实施 R&D 活动而购置的使用时间超过一年的计算机软件支出。

专利和专有技术支出：指报告期内调查单位为实施 R&D 活动而购置专利和专有技术的支出。

26. **R&D 经费外部支出**：指报告期内调查单位委托其他单位或与其他单位合作开展 R&D 活动而转拨给其他单位的全部经费。不包括外协加工费。

对境内研究机构支出：指当年委托或与境内独立科研单位合作开展 R&D 活动而支付予其的经费。

对境内高等学校支出：指当年委托或与境内高等学校合作开展 R&D 活动而支付予其的经费。

对境内企业支出：指当年委托或与境内企业合作开展 R&D 活动而支付予其的经费。

对境内其他单位支出：指当年委托或与境内其他单位合作开展 R&D 活动而支付予其的经费。

对境外机构支出：指当年委托或与国外或港澳台机构合作开展 R&D 活动而支付予其的经费。

三、课题指标

1. **课题经费内部支出**：指在报告期内为进行该课题研究而实际用于调查单位内的全部支出，包括劳务费、原材料费、其他日常支出、仪器设备购置费、土建费等。不包括折旧费用与长期费用摊销，不包括与外企业合作研究而拨给对方使用的经费。

2. **课题人员折合全时当量：**指报告期内调查单位实际参加课题活动的各类人员工作量的总和（不包括合作项目中本单位没有发放劳动报酬的外单位人员）。统计时首先把课题人员分为全时人员和非全时人员，然后将非全时人员折算为全时当量，并与全时人员合并成折合全时当量。

四、科技成果指标

1. **专利申请受理数：**指报告期内调查单位向国内外知识产权行政部门提出专利申请并被受理的件数。

2. **专利授权数：**指报告期内由国内外知识产权行政部门向调查单位授予专利权的件数。

3. **有效发明专利数：**指报告期内调查单位作为专利权人在报告年度拥有的、经国内外知识产权行政部门授权且在有效期内的发明专利件数。

4. **专利所有权转让及许可数：**指报告期内调查单位向外单位转让专利所有权或允许专利技术由被许可单位使用的件数，一项专利多次许可，算一件。

5. **专利所有权转让及许可收入：**指报告期内调查单位向外单位（企业）转让专利所有权或允许专利技术由被许可企业使用而得到的收入。包括当年从被转让方或被许可方得到的一次性付款和分期付款收入，以及利润分成、股息收入等。包括以往年份签订转让专利所有权或允许专利技术由被许可企业使用合同的当年收入。

6. **科技论文（事业单位）：**指报告年度在学术期刊上发表的最初的科学研究成果。应具备以下 3 个条件：①首次发表的研究成果；②作者的结论和试验被同行重复并验证；③发表后科技界能引用。统计范围为在全国性学报或学术刊物上、省部属大专院校对外正式发行的学报或学术刊物上发表的论文，以及向国外发表的论文。只统计第一作者编制在本单位或者第一署名单位为本单位的论文。

7. **科技论文（企业）：**在全国性学报或学术刊物上、省部属大专院校对外正式发行的学报或学术刊物上发表的论文，以及向国外发表的论文。只统计本企业科技人员为第一作者的论文。

8. **科技著作：**指经过正式出版部门编印出版的科技专著、大专院校教科书、科普著作。

9. **形成国家或行业标准数：**指报告期内调查单位在自主研发或自主知识产权基础上形成的国家或行业标准。

10. **集成电路布图设计登记数：**指报告期内调查单位向知识产权行政部门提出登记申请并被受理登记的集成电路布图设计的件数。

11. **植物新品种权授予数：**指报告期内调查单位向农业、林业行政部门（审批机关）提出申请并被授予植物新品种的项数。

12. **软件著作权数：**指报告期内调查单位向国家版权局提出登记申请并被受理登记的软件著作权数。

13. **新药证书数：**指报告期内调查单位向国家食品药品监督管理局提出申请并被批准新药证书数。

规模以上工业企业

1. **从业人员：**指报告期末最后一日24时在本单位工作，并取得工资或其他形式劳动报酬的人员数。该指标为时点指标，不包括最后一日当天及以前已经与单位解除劳动合同关系的人员，是在岗职工、劳务派遣人员及其他从业人员之和。

2. **R&D活动人员合计中全时人员：**指企业在报告期内实际从事R&D活动的时间占全年工作时间90%及以上的人员数。

3. **R&D活动人员合计中非全时人员：**指报告期内从事R&D活动的时间占全年工作时间10%（含10%）~ 90%（不含90%）的人员数。

4. **R&D经费内部支出：**指用于基础研究、应用研究、试验发展活动的经费支出，只填列本企业内部支出。

5. **企业办科技机构：**指企业自办（或与外单位合办），管理上同生产系统相对独立（或单独核算）的专门科技活动机构，如企业办的技术中心、研究院所、开发中心、开发部、实验室、中试车间、试验基地等。企业办科技活动机构经过资源整合，被国家或省级有关部门认定为国家级或省级技术中心的，应按一个机构填报。与外单位合办的科技活动机构若主要由本企业出资兴办，则由本企业统计，否则应由合办方统计。企业科技管理职能处（科）室（如科研处、技术科等）一般不统计在内；若科研处、技术科等同时挂有科技活动机构的牌子，视其报告年度内主要工作任务而定，主要任务是从事科技活动的可以统计，否则不予统计。本指标不含企业在中国境外设立的科技活动机构数。

机构人员合计：指企业办科技活动机构中从事科技活动的人员合计。

机构人员合计中博士毕业：指企业办科技机构中从事科技活动具有博士学历或博士学位的人员。

机构人员合计中硕士毕业：指企业办科技机构中从事科技活动具有硕士学历或硕士学位的人员。

机构经费支出：指企业办科技机构用于内部开展科技活动实际支出的总费用。包括机构人员劳务费（含工资）支出、机构业务费支出、管理费支出、固定资产购建支出，以及其他维持机构正常工作的日常费用等的支出总和。

仪器和设备原价：指企业办科技机构固定资产中仪器和设备的原价，不包括长期闲置的仪器和设备。

仪器和设备原价中进口：指企业办科技机构固定资产中从国外购入的仪器和设备的原价，不包括长期闲置的仪器和设备。

6. **专利申请数：**指企业在报告期内向国内外知识产权行政部门提出专利申请并被受理的件数。

专利申请数中发明专利：指企业向国内外知识产权行政部门提出发明专利申请并被受理的件数。

7. **有效发明专利数：**指企业作为专利权人在报告期拥有的、经国内外知识产权行政部门授权且在有效期内的发明专利件数。

有效发明专利数中境外授权：指企业作为专利权人拥有的、经国外及港澳台知识产权行政部门授予且在有效期内的发明专利件数。

8. **发表科技论文**：指企业立项的科技项目产生的、在有正规刊号的刊物上发表的科技论文数量。

9. **拥有注册商标数**：指企业作为第一商标注册人拥有的、经境内外商标行政部门核准注册且在有效期内的商标件数。包括在境内和境外注册的商标件数，一件商标在境内外同时注册时只统计一件。

拥有注册商标中境外注册数：指企业作为第一商标注册人拥有的、经国外或我国港澳台商标行政部门核准注册且在有效期内的商标件数。

10. **形成国家或行业标准数**：指企业在自主研发或自主知识产权基础上形成的经有关部门批准的国家或行业标准项数。

11. **新产品产值**：指报告期内企业生产的新产品的产值。新产品是指采用新技术原理、新设计构思研制、生产的全新产品，或在结构、材质、工艺等某一方面比原有产品有明显改进，从而显著提高了产品性能或扩大了使用功能的产品。新产品产值、新产品销售收入既包括经政府有关部门认定并在有效期内的新产品，也包括企业自行研制开发，未经政府有关部门认定，从投产之日起一年之内的新产品。

12. **新产品销售收入**：指报告期内企业销售新产品实现的销售收入。

新产品销售收入中出口：指报告期企业将新产品销售给外贸部门和直接出售给外商所实现的销售收入。

13. **使用来自政府部门的科技活动资金**：指报告期内企业使用的从政府有关部门得到的科技活动资金，包括纳入国家计划的中间试验费、政府科技贷款等。

14. **研究开发费用加计扣除减免税**：指企业按有关政策和税法规定税前加计扣除的研究开发活动费用所得税，按当年税务部门实际减免的税额填报。对尚未得到当年减免税额的企业，按上年实际减免税额填报。

15. 高新技术企业减免税：指高新技术企业按照国家有关政策依法享受的企业所得税减免额，按当年税务部门实际减免的税额填报。对尚未得到当年减免税额的企业，按上年实际减免税额填报。

16. **引进技术经费支出**：指企业在报告期内用于购买境外技术的费用支出，包括产品设计、工艺流程、图纸、配方、专利等技术资料的费用支出，以及购买关键设备、仪器、样机和样件等的费用支出。

17. **消化吸收经费支出**：引进技术的消化吸收指对引进技术的掌握、应用、复制而开展的工作，以及在此基础上的创新。引进技术的消化吸收经费支出包括人员培训费，测绘费，参加消化吸收人员的工资、工装、工艺开发费，必备的配套设备费，翻版费等。消化吸收经费支出中属于科技活动的经费支出，除包含在本项外，还要计入企业科技活动经费支出。

18. **购买国内技术经费支出**：指企业在报告期内购买境内其他单位科技成果的经费支出，包括购买产品设计、工艺流程、图纸、配方、专利、技术诀窍及关键设备的费用支出。

19. **技术改造经费支出**：指企业在报告期内进行技术改造而发生的费用支出。技术改造指企业在坚持科技进步的前提下，将科技成果应用于生产的各个领域（产品、设备、工艺等），用先进工艺、设备代替落后工艺、设备，实现以内涵为主的扩大再生产，从而提高产品质量、促进产品更新换代、节约能源、降低消耗，全面提高综合经济效益。

高等学校

1. **科技活动：**指理、工、农、医、人文与社会科学等各学科领域中与科技知识的产生、发展、传播和应用密切相关的全部有计划的活动。它包括科学研究与技术开发，大学及相当大学阶段的教育、培训及服务活动。

2. **高级人员：**包括具有教授、副教授、高级工程师等高级技术职务（职称）的科技人员。

3. **中级人员：**包括具有讲师、工程师等技术职务（职称）的科技人员。

4. **初级人员：**包括具有助理工程师等技术职务（职称）的人员及大学毕业暂未定职务（职称）的人员。

5. **辅助人员：**指高中以下学历，未评定职称的从事与教学、科研活动的实施有关的工作人员，包括教学、科研秘书、办事员等一切为科技活动提供直接服务的人员。

6. **部委所属院校：**指中央各部委所属的高等院校，包括教委所属院校。

7. **人员工资：**指学校上级主管部门按预算下达的科研人员工资等专项费。

8. **国家社会科学基金项目经费：**指国家社会科学基金委员会拨付的社会科学基金年度项目经费，包括青年基金项目经费。

9. **中央其他部门社科专项经费：**指中央（国务院）各部门（非学校上级主管部门）拨给学校的各种专项科研经费，包括中国社会科学院拨付给学校的专项科研经费及中央（国务院）各部门通过学校上级主管部门划转给学校的项目经费。

10. **省、市、自治区社科项目经费：**指各省、市、自治区社会科学领导机构拨付的社科研究规划（基金）项目经费，以及列入省、市、自治区党委、政府和其他委、厅、局（非高校上级主管部门）计划及计划以外拨付给学校的各种专项科研费。

11. **企、事业单位委托项目经费：**指学校从校外企、事业单位获得的研究与发展活动的经费。

自筹经费：指学校从自有资金或其他各种收入中提取并转用于研究与发展活动的经费。